ÉLÉMENTS D'ALGÈBRE

ÉLÉMENTS D'ALGÈBRE

EXERCICES ET PROBLÈMES

A L'USAGE

des Écoles primaires supérieures, des Écoles professionnelles,
des Écoles normales d'instituteurs,

PAR

E. JACQUET
ANCIEN ÉLÈVE DE L'ÉCOLE NORMALE SUPÉRIEURE
PROFESSEUR AGRÉGÉ
AU PRYTANÉE MILITAIRE DE LA FLÈCHE

A. LACLEF
ANCIEN PROFESSEUR
A L'ÉCOLE PRIMAIRE SUPÉRIEURE TURGOT
INSPECTEUR DE L'ENSEIGNEMENT PRIMAIRE

SIXIÈME ÉDITION

COMPLÈTEMENT REVUE ET CORRIGÉE, AUGMENTÉE DE NOMBREUX EXERCICES
CONFORMÉMENT AUX PROGRAMMES D'AOUT 1920

PARIS

LIBRAIRIE CLASSIQUE FERNAND NATHAN
16, RUE DES FOSSÉS-SAINT-JACQUES, 16
(Place du Panthéon, V^e)

1923

DES MÊMES AUTEURS

Envoi franco contre timbres français ou mandats

ARITHMÉTIQUE DU BREVET ÉLÉMENTAIRE et des cours complémentaires. 1 vol. in-12, broché.......................... 5 85
Relié.. 7 25

SOLUTIONS DES PROBLÈMES contenus dans l'*Arithmétique du Brevet élémentaire*. 1 vol. in-12, broché.............. 9 35

COURS D'ARITHMÉTIQUE THÉORIQUE ET PRATIQUE. Écoles normales, Écoles primaires supérieures, Écoles professionnelles. 1 vol. in-12 broché.. 7 50
Relié toile.. 9 35

SOLUTIONS DES PROBLÈMES contenus dans le *Cours d'Arithmétique théorique et pratique*. 1 vol. in-12 broché........ 10 »

COURS DE GÉOMÉTRIE THÉORIQUE ET PRATIQUE. Écoles normales, Écoles primaires, Écoles professionnelles, etc. 1 vol. in-12, br. 7 35
Relié toile.. 10 60

COURS DE GÉOMÉTRIE THÉORIQUE, programme des lycées et collèges, PREMIER ET DEUXIÈME CYCLE A, B et C. 1 vol. in-12. relié 8 »

PRÉFACE

Pour les élèves des écoles primaires supérieures et des écoles normales dont la majorité n'est pas destinée à poursuivre des études mathématiques d'un ordre élevé, l'algèbre est un moyen, non un but : instrument de calcul facile à mettre à la portée de tous, elle doit surtout leur permettre la résolution rapide et sûre des questions qu'ils rencontrent dans la pratique.

Telle est du moins l'idée qui nous a guidés dans la rédaction de ce nouvel ouvrage, auquel nous avons voulu donner ce caractère vraiment pratique qui a valu tant de succès à notre *Arithmétique* et à notre *Géométrie*.

Tout en simplifiant la théorie dans la limite du possible, et en élaguant les questions inutiles qui ne servent qu'à encombrer le chemin, nous nous sommes conformés aux programmes officiels des écoles normales, des écoles primaires supérieures et professionnelles, et les élèves de ces établissements trouveront dans ce petit traité tous les développements désirables.

Nous espérons que cette publication rendra service aux candidats au brevet supérieur et au certificat d'études primaires supérieures.

Nous serons d'ailleurs reconnaissants aux professeurs de nous faire part de leurs critiques dont nous tiendrons compte dans la préparation d'une édition ultérieure.

Nous avons placé à la fin du présent volume un certain nombre de *problèmes* qui viendront compléter la série de ceux qui sont à la suite de chaque chapitre. Nous croyons ainsi répondre à un besoin signalé par de nombreux professeurs.

AVIS POUR LA 5ᵉ ÉDITION

Cette nouvelle édition est complètement remaniée et rédigée en conformité avec les programmes d'août 1920. On y trouvera de nombreux problèmes nouveaux.

ÉLÉMENTS D'ALGÈBRE

CHAPITRE I

PRÉLIMINAIRES

1. Objet de l'algèbre. — L'algèbre a pour but de simplifier et de généraliser les solutions des questions que l'on peut se proposer sur les nombres.

2. Pour simplifier, on emploie, avec les signes déjà connus en arithmétique, des lettres qui désignent les nombres cherchés ou inconnus.

3. Pour généraliser, on emploie des lettres qui représentent les nombres donnés.

4. Signes des opérations. — 1° L'addition s'indique par le signe $+$. Ex. :

$$a + b + c;$$

2° La soustraction s'indique par le signe $-$. Ex. :

$$a - b;$$

3° La multiplication s'indique par le signe $\times$. Ex. :

$$a \times b \times c,$$
$$5 \times 4 \times d.$$

Pour abréger, on remplace le signe $\times$ par un point placé entre les facteurs. Ex. :

$$a \,.\, b \,.\, c,$$
$$5 \,.\, 4 \,.\, d;$$

on abrège encore, quand les facteurs sont des lettres (sauf un seul peut-être), en supprimant complètement le signe de la multiplication. Ainsi, le produit $a \cdot b \cdot c$ s'écrira : abc ; $5 \times a \times b$ s'écrira $5ab$;

4° **La division** s'indique par une barre horizontale placée entre le dividende et le diviseur. EXEMPLE : $\dfrac{a}{b}$ représente le quotient de a par b.

Le même quotient s'indique encore quelquefois par le symbole : $a : b$;

5° Les puissances d'un nombre s'indiquent au moyen d'exposants. Ainsi, a^4 représente la quatrième puissance du nombre désigné par la lettre a, c'est-à-dire le produit de 4 facteurs égaux à a ; r^m représente la $m^{\text{ième}}$ puissance dé r ;

6° Une racine à extraire s'indique par le signe $\sqrt{}$, appelé **radical**(¹), avec lequel on recouvre le nombre dont on doit extraire la racine. L'ordre de la racine s'écrit dans l'ouverture du radical ; c'est ce qu'on appelle aussi l'**indice** du radical.

On convient de supprimer l'indice lorsqu'il est égal à 2.

Ainsi, $\sqrt{a}$ représente la racine carrée de a ;

$\sqrt[3]{b}$ représente la racine cubique de b ;

$\sqrt[5]{c^3}$ représente la racine cinquième de c^3.

5. Signes de relation. — Le signe $=$ signifie **égale** ; le signe $>$ signifie **plus grand que** ; $<$ signifie **plus petit que** ; $\neq$ signifie **différent de**. Ainsi :

$$a = b, \quad a > b, \quad a < b, \quad a \neq b$$

(¹) **Ce signe représente un r déformé.**

veulent dire respectivement que **a** est égal à **b**, ou supérieur à **b**, ou inférieur à **b**, ou simplement différent de **b**.

6. Parenthèses. — Les parenthèses indiquent que l'on considère comme effectuées les opérations indiquées sur les nombres qui y sont renfermés. Par exemple :

$$8\,(a + b - c)$$

représente le produit par 8 du nombre obtenu en ajoutant **a** et **b** et retranchant **c** de leur somme.

En supprimant les parenthèses, on aurait :

$$8a + b - c,$$

ce qui signifierait qu'à la valeur de **a** multipliée par 8 il faudrait ajouter **b**, et, de la somme obtenue, retrancher **c**.

7. Emploi des signes et des lettres comme moyen de simplification. Exemple. — *Trouver deux nombres, connaissant leur somme 68 et leur différence 12.*

Solution arithmétique. — La somme des deux nombres est égale au plus petit plus le plus grand, ou au plus petit, plus le plus petit, plus la différence, ou enfin à deux fois le plus petit plus la différence. Si donc de la somme, 68, on retranche la différence, 12, le reste, $68 - 12$, ou 56, représente deux fois le plus petit nombre; c'est-à-dire que le plus petit nombre est égal à $\dfrac{56}{2}$, ou à 28. Dès lors le plus grand est $28 + 12$, ou 40.

8. Solution algébrique. — Soit **x** le plus petit nombre; l'autre, qui surpasse le plus petit de 12, est $x + 12$.

Comme la somme des deux nombres est 68, on peut écrire :

$$x + x + 12 = 68,$$

ou :

$$2x + 12 = 68,$$

ou, en retranchant 12 de part et d'autre :

$$2x = 56.$$

Divisons les deux membres par 2, nous aurons la valeur de x :

$$x = 28.$$

Le plus grand nombre est $x + 12$, c'est-à-dire

$$28 + 12 = 40.$$

9. Généralisation. — La simplification qui résulte de l'écriture algébrique, et surtout de la représentation de l'inconnue par une lettre, x, est rendue manifeste par cet exemple. Mais cette solution algébrique, quoique simple et claire, présente cet inconvénient que, **dans le résultat obtenu, il n'y a plus trace des calculs que l'on a effectués pour l'obtenir.** Si l'on a à résoudre la même question avec des données différentes, on devra reprendre le même raisonnement et effectuer des calculs analogues.

Nous allons voir comment l'algèbre résout une fois pour toutes les questions du même genre, *grâce à l'emploi des lettres pour représenter les données elles-mêmes*.

Reprenons le problème précédent en *généralisant* l'énoncé :

Trouver deux nombres, connaissant leur somme a *et leur différence* b.

Soient x le plus petit nombre, y le plus grand (on pourrait, ici encore, se contenter de la seule inconnue x). Le plus grand nombre surpassant l'autre de b, on peut écrire :

$$y = x + b.$$

La somme des deux nombres étant a, on a :

$$x + y = a,$$

ou :

$$x + x + b = a,$$

ou encore :

$$2x + b = a.$$

Retranchant b de part et d'autre, il reste :

$$2x = a - b,$$

d'où :

$$x = \frac{a - b}{2}.$$

Enfin, en remplaçant x par cette valeur dans la première égalité, on a pour y :

$$y = \frac{a - b}{2} + b = \frac{a - b + 2b}{2} = \frac{a + b}{2}.$$

On voit ainsi que, si l'on connaît la somme et la différence de deux nombres, ces deux nombres peuvent s'obtenir de la manière suivante : *le plus grand est égal à la demi-somme plus la demi-différence ; le plus petit est égal à la demi-somme moins la demi-différence.*

10. Formules. — En définitive, la solution générale du problème est donnée par les formules :

$$x = \frac{a - b}{2},$$

$$y = \frac{a + b}{2}.$$

Une formule, ou un système de formules, indiquent donc les calculs à effectuer pour arriver à la solution numérique d'un problème déterminé.

Déjà, en arithmétique (Ar. B., 434), pour calculer l'intérêt d'un capital placé à un certain taux, pendant un temps donné, on a trouvé :

$$I = \frac{iat}{100} ;$$

c'est la *formule de l'intérêt simple.*

EXERCICES SUR LE CHAPITRE I

1. Trois fontaines alimentent un bassin. La première coulant seule remplirait le bassin en a heures, la deuxième en b heures, la troisième en c heures.

1° Quelle fraction du bassin chaque fontaine remplira-t-elle en une heure, en supposant qu'elle coule seule ?

2° Les trois fontaines coulant simultanément, quelle fraction du bassin rempliront-elles en une heure ?

3° Dans la même hypothèse, en combien d'heures le bassin sera-t-il rempli ?

Application numérique : $a = 2$, $b = 3$, $c = 10$.

2. Un robinet coulant seul peut remplir un bassin en a heures. Un autre le remplirait en b heures. Enfin, une ouverture pratiquée dans le fond du bassin, et qu'on peut fermer à volonté, permet de le vider en c heures, lorsqu'il est plein.

1° Les deux robinets étant ouverts et le tuyau de dévorsement fermé, dans combien d'heures le bassin sera-t-il rempli, s'il était d'abord vide ? (S'aider de l'exercice précédent.)

2° Les deux robinets étant ouverts, ainsi que le tuyau de déversement, combien d'heures faudra-t-il pour remplir le bassin, supposé d'abord vide ?

Application numérique : $a = 7$, $b = 42$, $c = 10$.

3. n bœufs ont mangé en t jours l'herbe contenue dans un pré de s mètres carrés de superficie. La hauteur de l'herbe était h au moment où les animaux ont été mis au pâturage; elle croît uniformément de v mètres par jour.

Quelle est la formule qui exprime le volume d'herbe consommé journellement par un bœuf ?

4. Établir une formule qui donne le nombre total des points d'intersection de m droites situées dans un plan, et dont chacune coupe toutes les autres.

5. Établir une formule qui donne le nombre des diagonales d'un polygone de m côtés.

CHAPITRE II

NOMBRES POSITIFS ET NÉGATIFS
EXPRESSIONS ALGÉBRIQUES

11. Définition. — On considère en algèbre deux espèces de nombres : les nombres positifs et les nombres négatifs.

On appelle nombre positif un nombre arithmétique précédé du signe $+$. Exemples : $+5$, $+12$, $+\dfrac{3}{5}$.

Un nombre négatif est un nombre arithmétique précédé du signe $-$, comme -4, $-\dfrac{13}{2}$.

Un nombre qui peut être, suivant les cas, positif ou négatif est ordinairement appelé un nombre **relatif** (quelques auteurs emploient, dans le même sens, l'expression de nombre **algébrique**). Le plus souvent, nous supprimerons toute épithète et nous dirons, simplement : *un nombre*.

12. Valeur absolue. — On appelle **valeur absolue** d'un nombre relatif le nombre arithmétique au moyen duquel il est formé. Ainsi $+3$, -5, $-\dfrac{4}{7}$ ont pour valeurs absolues respectives 3, 5, $\dfrac{4}{7}$.

Nous considérerons un nombre positif comme étant

identique à sa valeur absolue. Ainsi $+7$, $+\dfrac{2}{3}$ sont une autre façon d'écrire : 7, $\dfrac{2}{3}$.

Le nombre 0 (zéro) peut être considéré indifféremment comme positif ou comme négatif. 0, $+0$, -0 ont la même signification.

13. Nombres égaux. — Deux nombres relatifs sont dits *égaux*, lorsqu'ils ont même valeur absolue et même signe et seulement dans ce cas.

14. Nombres opposés. — Deux nombres relatifs sont dits *opposés* quand ils ont même valeur absolue et qu'ils sont de signes contraires. Exemple : $+5$ et -5.

L'opposé de l'opposé d'un nombre est évidemment le nombre lui-même.

Le nombre 0 est à lui-même son opposé.

15. Origine des nombres positifs et négatifs. — On a été conduit, en algèbre, à employer les nombres positifs et négatifs pour représenter *les différents états d'une grandeur susceptible de varier dans deux sens opposés.* En voici quelques exemples.

16. Distances portées sur un axe. — Considérons une droite indéfinie X'X sur laquelle on a choisi un sens de parcours, dit sens positif, figuré ici par une flèche (on peut supposer un observateur placé de telle façon que ce soit pour lui le sens de gauche à droite). Le sens opposé sera appelé **sens négatif.**

Une droite sur laquelle on a choisi un sens positif est ce qu'on nomme habituellement un **axe.**

Je suppose de plus qu'on ait adopté une unité de longueur déterminée, soit **MN** (le centimètre par exemple).

Soient **A** et **B** deux points quelconques de l'axe. Nous appellerons abscisse de **B** par rapport à **A** et nous représenterons par la notation $\overline{AB}$ le nombre qui mesure la distance **AB**, précédé du signe $+$ ou du signe $-$ suivant que, pour aller de **A** en **B**, on marche dans le sens positif ou dans le sens négatif.

Le nombre ainsi déterminé s'appelle aussi la **valeur algébrique du vecteur AB**.

Dans le cas de la figure, si **AB** a 5 centimètres de long, on aura $\overline{AB} = +5$, parce que **B** est à droite de **A** ; dans la même figure, en supposant que **C** se trouve à 3 centimètres de **B**, on aurait $\overline{BC} = -3$, parce que **C** est à gauche de **B**.

Il est clair que, d'après la définition même, $\overline{AB}$ et $\overline{BA}$ auront toujours des valeurs opposées. Ainsi, dans le même exemple, $\overline{BA}$, c'est-à-dire *l'abscisse de* **A** *par rapport à* **B**, ou encore : *la mesure algébrique du vecteur* **BA** aurait pour valeur -5. Ainsi l'on a toujours :

$$\overline{AB} + \overline{BA} = 0.$$

17. Sommes reçues ou payées. — Les sommes qu'un commerçant, un caissier, etc., reçoit en paiement, peuvent être notées avec le signe $+$, celles qu'il paye avec le signe $-$.

Au lieu de : recevoir et payer, on pourra convenir de dire toujours : *recevoir*. Recevoir $+15$, pour le caissier, c'est faire rentrer 15 francs dans sa caisse ; recevoir -20 voudra dire : payer 20 francs.

18. Degrés du thermomètre. — Tout le monde connaît le sens que l'on attache à ces expressions : le thermomètre marque $+ 15°$, ou $- 7°$. Cela veut dire, dans le premier cas, que le mercure est à $15°$ au-dessus du trait qui correspond à la glace fondante (le zéro), à $7°$ au-dessous dans le second cas.

19. Date d'un événement. De même, on peut appeler *date d'un événement* le nombre d'unités de temps (années, secondes, etc.) qui séparent cet événement d'une époque déterminée choisie comme origine, précédé du signe $+$ ou du signe $-$ suivant que l'événement considéré est postérieur ou antérieur à l'origine des temps.

Ainsi on dira : Archimède est né en $- 287$ (287 ans avant J.-C.) et Newton en $+ 1642$ ou 1642 (après J.-C.).

20. Notations. — Un nombre relatif peut être représenté par une lettre, **a** par exemple. Nous conviendrons d'ailleurs que $+$ **a** représente la même chose que **a**.

Nous conviendrons également de représenter par $-$ **a** le nombre opposé à **a**.

D'une manière générale, une expression précédée du signe $-$ représente le nombre opposé à celui qui représenterait la valeur de cette expression. D'après cela, $-(-$ **a**$)$ est la même chose que **a**, ou $+$ **a**.

21. Remarque. — Si **a** est positif, $+$ **a** est également positif et $-$ **a** est négatif. Si **a** est négatif, $+$ **a** est au contraire négatif et $-$ **a** positif.

Le signe $+$ ou $-$ qui précède la lettre **a** n'est donc qu'un **signe apparent**, qui peut être, suivant les cas, identique ou contraire au signe vrai.

RÈGLES DE CALCUL DES NOMBRES POSITIFS ET NÉGATIFS

22. Addition. Somme de deux nombres. Définition. — Par convention, *la somme de deux nombres de même signe est un nombre de même signe, dont la valeur absolue est égale à la somme des valeurs absolues des deux nombres.*

La somme de deux nombres de signes contraires et de valeurs absolues différentes est un nombre ayant pour valeur absolue la différence arithmétique de leurs valeurs absolues et pour signe le signe de celui qui a la plus grande valeur absolue.

La somme de deux nombres opposés est égale à zéro.

Enfin la somme d'un nombre quelconque et de zéro est égale au nombre considéré.

Par exemple, la somme de $+\,5$ et de $+\,7$ est $+\,12$;

celle de $-\,4$ et de $-\,\dfrac{1}{2}$ est $-\,\dfrac{9}{2}$;

celle de $+\,3$ et de $-\,\dfrac{3}{4}$ est $+\,\dfrac{9}{4}$;

celle de $+\,\dfrac{3}{5}$ et de $-\,\dfrac{13}{5}$ est $-\,\dfrac{10}{5} = -\,\mathbf{2}$;

celle de $+\,\dfrac{4}{3}$ et de $-\,\dfrac{4}{3}$ est 0;

celle de $-\,\dfrac{4}{7}$ et 0 est $-\,\dfrac{4}{7}$.

23. Justification des conventions précédentes. — Soient **A**, **B**, **C**, trois points choisis d'une manière quelconque sur un *axe* (16). Il est facile de constater que *dans tous les cas de figure*, le nombre (positif ou négatif) qui mesure le vecteur AC est égal à la somme des

X'   C   A   B   X

nombres qui mesurent les vecteurs AB et BC, cette somme étant effectuée d'après les règles que nous venons de poser.

Pour prendre un exemple, admettons, par exemple, que B soit à 5 centimètres à droite de A et C à 7 centimètres à gauche de B, ce qui revient à supposer que $\overline{AB} = +5$, $\overline{BC} = -7$: il est clair que C se trouvera alors à 2 centimètres à gauche de A, c'est-à-dire que l'on aura : $\overline{AC} = -2$. Or -2 est bien la somme des nombres $+5$ et -7. La même vérification pourrait être faite dans tous les cas possibles.

La proposition que nous venons d'énoncer, et qui se traduit par l'égalité :

$$\overline{AC} = \overline{AB} + \overline{BC} \qquad (1)$$

constitue non seulement une application, mais une justification de la définition adoptée pour la somme de deux nombres.

L'égalité (1) offre ce caractère remarquable d'être *absolument indépendante* de l'ordre dans lequel se succèdent les trois points A, B, C, qui sont seulement assujettis à être en ligne droite. Lorsqu'on n'emploie pas les nombres positifs ou négatifs, il faut *trois égalités*

distinctes, pour traduire, suivant les cas, la position relative de trois points en ligne droite, savoir :

$$AC = AB + BC,$$
$$AC = AB + BC,$$
$$AC = BC - AB,$$

suivant qu'on se trouve dans tel ou tel des cas de figure représentés ci-contre.

24. Somme de plusieurs nombres. — *Par définition, la somme de plusieurs nombres est le résultat
obtenu en additionnant d'une part les deux premiers,
puis la somme ainsi formée avec le troisième, et ainsi de
suite jusqu'à ce que tous les nombres aient été employés*

Ces différents nombres s'appellent les **termes** de la somme.

Par exemple pour effectuer la somme des nombres :

$$+ 3, \quad - 5, \quad + 13, \quad + 4, \quad - 9,$$

on additionne $+ 3$ et $- 5$, ce qui donne $- 2$; $- 2$ et $+ 13$,
ce qui donne $+ 11$; $+ 11$ et $+ 4$, ce qui donne $+ 15$;
enfin $+ 15$ et $- 9$, ce qui donne $+ 6$.

25. Notation. — La somme de plusieurs nombres
relatifs se représente simplement en les écrivant *à la
suite les uns des autres. La somme peut commencer par
un terme négatif.* Exemple :

$$- \frac{3}{4} + \frac{7}{8} - 9 + \frac{4}{5}.$$

Lorsque la somme commence par un terme positif, on
peut, sans inconvénient, supprimer le signe qui précède

le premier terme. Ainsi, on écrira indifféremment :

$$+\,15 - 8 + \frac{3}{2} + 9 - \frac{4}{5}, \quad \text{ou} : \quad 15 - 8 + \frac{3}{2} + 9 - \frac{4}{5}.$$

Chaque fois qu'une pareille expression aura un sens en arithmétique, *le nombre qu'elle représentera sera le même* que celui qu'on trouverait en appliquant les règles que nous venons d'expliquer. Ainsi, en arithmétique comme en algèbre, la dernière somme a pour valeur $16 + \frac{7}{10}$ ou 16,7.

26. Propriétés des sommes algébriques. — Considérons les termes positifs d'une pareille expression comme des sommes d'argent reçues par un caissier, les termes négatifs correspondant aux paiements, ainsi qu'il a été expliqué (17). Il est clair, d'une part, que l'état final de la caisse ne dépend nullement de l'ordre des opérations (encaissements ou paiements) effectuées dans la journée; d'autre part, que plusieurs opérations distinctes peuvent être remplacées par l'opération unique correspondant à la somme des nombres qui se rapportent à celles-là, sans changer le résultat. Par exemple si, consécutivement ou non, le caissier a reçu 75 francs, puis payé 110 francs, puis encore 45 francs, comme $75 - 110 - 45 = -80$, il pourra supposer les trois opérations remplacées par un paiement unique de 80 francs.

Ceci montre que les théorèmes relatifs aux sommes arithmétiques s'étendent aux sommes algébriques. On peut les énoncer comme il suit :

Dans une somme algébrique, on peut intervertir à vo-

lonté l'ordre des termes. *On peut aussi remplacer plusieurs termes, consécutifs ou non, par leur somme effectuée.*

27. Conséquences. — 1° Si dans une somme algébrique figurent deux termes opposés tels que $+5$ et -5, on peut les supprimer tous les deux, car leur somme est égale à 0.

2° Pour calculer une somme algébrique, on peut, par exemple, effectuer d'une part la somme des termes positifs, d'autre part la somme des termes négatifs, puis la somme des deux résultats.

3° Pour ajouter une somme à un nombre, on peut ajouter à ce nombre successivement toutes les parties de la somme. Ainsi :

$$3 + (5 - 12 + 9) = 3 + 5 - 12 + 9,$$

car la première somme n'est pas autre chose que la seconde où l'ensemble des trois derniers termes aurait été remplacé par leur somme effectuée. Donc les deux membres ont bien la même valeur.

28. Remarque. — Si dans une somme algébrique on remplace *tous les termes par leurs opposés*, la nouvelle somme a pour valeur *le nombre opposé de celui que représente la première*. Ainsi :

$$+4 - 23 + 5 - \frac{7}{5} \qquad \text{et} \qquad -4 + 23 - 5 + \frac{7}{5}$$

ont pour valeurs respectives $-15,4$ et $+15,4$.

Cette remarque se vérifie immédiatement pour une somme de deux termes, en remontant à la définition. Elle s'étend alors de proche en proche à une somme d'un nombre quelconque de termes.

29. Soustraction. Définition. — Par définition, on appelle **différence** *de deux nombres relatifs* ou, d'une manière plus précise, **excès du premier sur le second**, le nombre (relatif) qui, ajouté au second, donne une somme égale au premier.

30. RÈGLE. — *Pour soustraire d'un nombre relatif un autre nombre relatif, il suffit d'ajouter au premier le nombre opposé du second.*

Je dis donc que l'excès de **a** sur **b** est égal à la somme du nombre **a** et du nombre $- b$, laquelle se représente, d'après les conventions faites (25), par $a - b$.

En effet, si à cette expression on ajoute le nombre b, le résultat obtenu est $a - b + b$, c'est-à-dire a (27,1°) : ce qui justifie la règle.

Par exemple :

$$\text{L'excès de} + 5 \text{ sur } + 3 \text{ est} + 5 - 3 = + 2;$$
$$\text{»} \quad - 5 \text{ sur } - 3 \text{ est} - 5 + 3 = - 2;$$
$$\text{»} \quad - 5 \text{ sur } + 3 \text{ est} - 5 - 3 = - 8;$$
$$\text{»} \quad + 5 \text{ sur } - 3 \text{ est} + 5 + 3 = + 8;$$
$$\text{»} \quad - 7 \text{ sur } - 7 \text{ est} - 7 + 7 = 0.$$

31. Remarques. — 1° On voit qu'*il n'y a pas en algèbre de soustraction impossible.* En effet, la règle précédente conduit toujours à un nombre déterminé.

2° La notation $a - b$ pourra être considérée désormais comme représentant indifféremment l'excès de **a** sur **b** ou la somme de **a** et de $- b$, puisque c'est la même chose.

L'excès de **a** sur $- b$ s'écrira $a - (- b)$, ou plus simplement $a + b$.

32. THÉORÈME. — *Pour retrancher une somme d'un nombre, il suffit de retrancher du nombre successivement tous les termes de la somme.*

En effet, supposons que du nombre — 7 on veuille retrancher la somme : (3 — 5 + 8). Cela revient, d'après ce qui précède, à ajouter au nombre — 7 la même somme changée de signe, c'est-à-dire (28) la somme — 3 + 5 — 8 ; le résultat est :

$$-7 - 3 + 5 - 8,$$

ce qui démontre le théorème, car ajouter — 3, c'est retrancher 3 ; ajouter + 5, c'est retrancher — 5, etc...

33. Multiplication. Produit de deux nombres. Définition. — Par convention, *le produit de deux nombres relatifs est un nombre ayant pour valeur absolue le produit des valeurs absolues des deux facteurs et pour signe le signe + ou le signe — suivant que les deux facteurs sont de même signe ou de signes contraires.*

Si l'un des facteurs est nul, le produit est égal à zéro.

On remarquera que comme conséquence, le produit de **a** par **b** est du même signe que **a** ou de signe contraire, suivant que **b** est positif ou négatif.

34. Justification. — Considérons un point mobile se déplaçant sur un axe (**16**) d'un mouvement *uniforme*, c'est-à-dire que les espaces parcourus sont proportionnels aux temps employés à les parcourir. Supposons que ce mobile passe en **0** à l'époque zéro. Désignons par **v** sa *vitesse* (nombre de centimètres parcourus dans une seconde par exemple) précédée du signe + ou du signe — suivant que le mouvement a lieu dans le sens positif ou dans le sens négatif. Prenons le point **0**

comme origine des abscisses (16) et cherchons quelle est l'abscisse x du mobile à l'époque t. Conformément aux conventions habituelles (19), t représente un nombre positif ou négatif suivant que l'époque dont il s'agit est postérieure ou antérieure à l'origine des temps (c'est-à-dire à l'époque zéro). *Je dis qu'on a dans tous les cas :*

$$x = vt.$$

Cette égalité est évidemment vraie en valeur absolue, d'après la définition même du mouvement. Il suffit donc de vérifier que x et vt ont toujours le même signe.

En effet, si v et t sont positifs, le produit vt l'est également ; dans ce cas d'ailleurs, le mobile marche dans le sens positif et on cherche sa position après l'époque zéro : il est donc à droite du point 0, c'est-à-dire que x est positif.

Supposons maintenant v et t négatifs : le produit vt est encore positif. D'autre part, le mobile marche alors dans le sens négatif et on cherche sa position avant l'origine des temps : il est donc à droite du point 0, c'est-à-dire que x est encore positif.

Le même mode de raisonnement montrerait que l'accord subsiste dans tous les cas (encore deux cas à examiner).

35. Produit de plusieurs facteurs. — Ce sera, par définition, *le produit obtenu en multipliant le premier facteur par le deuxième, puis le produit ainsi formé par le troisième facteur, et ainsi de suite* jusqu'à ce que *tous les facteurs aient été employés.*

36. On voit immédiatement, d'après cette définition et d'après les propriétés arithmétiques connues, que :

1° La valeur absolue du produit est égale au produit des valeurs absolues de tous les facteurs ;

2° Le produit est positif ou négatif selon que le nombre des facteurs négatifs est pair ou impair ;

3° Le produit ne dépend pas de l'ordre des facteurs ;

4° Si un facteur change de signe, le produit change de signe ;

5° Le produit est nul si un des facteurs est nul, et seulement dans ce cas ;

6° On peut, dans un produit, remplacer tels facteurs que l'on veut par leur produit effectué ;

7° Le produit de plusieurs produits est égal au produit de tous leurs facteurs.

37. Signes d'une puissance. Conséquences. — Il résulte de ce qui a été dit, relativement au signe d'un produit (voir 36, 2°), que *toutes les puissances paires d'un nombre négatif sont positives*, tandis que *toutes les puissances impaires sont négatives.*

Ainsi, en particulier, *le carré d'un nombre, soit positif, soit négatif, est toujours positif ;* et, par conséquent, un nombre négatif ne peut avoir de racine carrée.

Par contre, tout nombre négatif admet deux racines carrées, qui sont d'ailleurs opposées (14). 25, par exemple, admet comme racine, d'abord sa racine carrée arithmétique qui est 5, puis aussi — 5, puisque :

$$(- 5)^2 = 5^2 = 25.$$

Il n'en admet évidemment pas d'autre que ces deux-là.

38. Notation. — Le produit de plusieurs facteurs *numériques*, par exemple $+ 2$, $- 3$ et $+ 5$, pourrait être

indiqué ainsi $(+ 2) \times (- 3) \times (+ 5)$, ou encore, en supprimant les signes de multiplication $(+ 2) (- 3) (+ 5)$.
De même le produit de plusieurs facteurs *littéraux*, **a**, **b**, **c**, **d**, **e** par exemple, s'écrirait simplement : **abcde** ou $+$ **abcde**.

Si on veut indiquer le produit de plusieurs nombres représentés par des lettres précédées les unes du signe $+$, les autres du signe $-$, on écrira ces lettres à la suite les unes des autres et on fera précéder l'expression du signe $+$ ou du signe $-$ suivant que le nombre des lettres précédées du signe $-$ est pair ou impair. Cela résulte de ce qui précède. Ainsi le produit des nombres $-$ **a**, $-$ **b**, $-$ **c** s'écrira : $-$ **abc**.

En particulier, on remarquera que le produit de $+$ **a** par $+$ **b**, ou de $-$ **a** par $-$ **b**, est égal à $+$ **ab**; le produit de $+$ **a** par $-$ **b**, ou de $-$ **a** par $+$ **b**, est égal à $-$ **ab**. (Ce que l'on énonce souvent en disant : $+$ par $+$ donne $+$; $-$ par $-$ donne $+$; $+$ par $-$ donne $-$; $-$ par $+$ donne $-$).

39. Théorèmes relatifs à la multiplication. — On a démontré en arithmétique les théorèmes suivants :

1° Pour multiplier une somme par un nombre (ou un nombre par une somme), on peut multiplier successivement chaque terme de la somme par le nombre et additionner les résultats obtenus.

La figure ci-contre rend ce résultat intuitif : l'aire du rectangle total, mesurée par

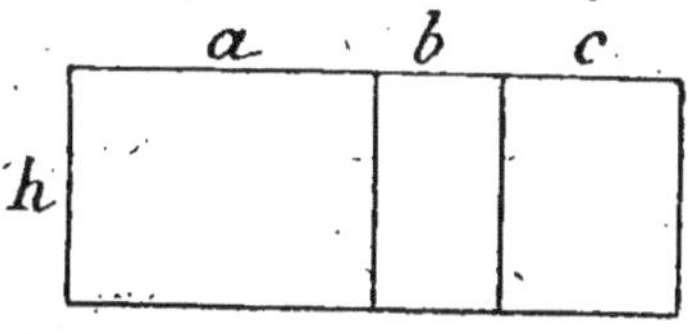

$(a + b + c) h$, est égale à la somme des aires des rectangles partiels, exprimée par $ah + bh + ch$.

2° Pour multiplier une différence par un nombre (ou

un nombre par une différence), on peut multiplier chaque terme de la différence par ce nombre et soustraire l'un de l'autre les deux produits obtenus.

Autrement dit $(a - b)h = ah - bh$.

40. En algèbre, ces deux énoncés sont contenus dans la proposition unique que voici.

THÉORÈME. — *Pour multiplier une somme par un nombre (ou un nombre par une somme), on peut multiplier chaque terme de la somme par le nombre et additionner les produits obtenus.*

Je dis par exemple, pour examiner un cas simple, que l'on a dans tous les cas :

$$(a + b)\, c = ac + bc.$$

Cette égalité ne doit pas être considérée comme une conséquence forcée du théorème d'arithmétique rappelé plus haut : car ici a, b, c représentent des nombres qui peuvent être positifs ou négatifs. Supposons par exemple a positif, b et c négatifs. Soient a', b', c', leurs valeurs absolues (a', b', c' sont donc des nombres arithmétiques) et soit, par exemple : $a' > b'$.

L'égalité qu'il s'agit de démontrer devient :

$$(a' - b')\,(- c') = - a'c' + b'c',$$

Or, d'après le deuxième théorème d'arithmétique énoncé plus haut, on a :

$$(a' - b')\, c' = a'c' - b'c',$$

et puisque cette égalité est exacte, il en est de même de la précédente, puisqu'il suffit, pour passer de l'une à l'autre, de changer les signes des deux membres. Démonstration analogue dans tous les cas.

41. THÉORÈME. — *Le produit d'une somme (de nombres relatifs) par une somme est égal à la somme algébrique des produits obtenus en multipliant tous les termes de la première successivement par chacun des termes de la seconde.*

Pour établir ce théorème, on n'aura qu'à appliquer deux fois de suite le théorème précédent, en supposant d'abord l'une des sommes remplacée par le nombre qu'elle représente.

Ainsi on a, par exemple :

$$(4 - 5 + 9) \times (3 - 7) = 4 \times 3 -$$
$$5 \times 3 + 9 \times 3 - 4 \times 7 + 5 \times 7 - 9 \times 7.$$

42. Division. Définition. — En algèbre comme en arithmétique, la division sera définie comme l'opération inverse de la multiplication.

Ainsi, par définition, *le quotient de deux nombres relatifs appelés le premier dividende, le second diviseur,* ce dernier étant supposé différent de zéro, est le nombre qui, *multiplié par le diviseur, reproduit le dividende.*

Sous la condition indiquée, le quotient existe toujours. On voit, de plus, immédiatement :

1° Que la valeur absolue du quotient s'obtient en divisant la valeur absolue du dividende par la valeur absolue du diviseur;

2° Que le quotient a le signe $+$ ou le signe $-$ suivant que le dividende et le diviseur sont de mêmes signes ou de signes contraires.

En d'autres termes, la *règle des signes* donnée pour la multiplication peut s'énoncer de la même manière pour la division, c'est-à-dire que $+$ par $+$ donne $+$ (*par* veut dire ici *divisé par*), — par — donne $+$, $+$ par — donne —, enfin — par $+$ donne —.

La division s'indique comme en arithmétique (4) par une barre horizontale ou par deux points.

Ainsi, le quotient de $+\,6$ par $+\,5$ est $+\dfrac{6}{5}$; le quotient de $-\,12$ par $-\,4$ est $+\dfrac{12}{4}$ ou $+\,3$; le quotient de $-\,7$ par $+\,4$ est $-\dfrac{7}{4}$; le quotient de $+\,7$ par $-\,4$ est $-\dfrac{7}{4}$.

43. Pourquoi le diviseur ne doit pas être nul. — Supposer qu'on veuille diviser $-\,5$ par 0 : il est facile de voir qu'on ne trouvera pas de quotient. En effet il faudrait que ce quotient multiplié par 0 donne comme produit $-\,5$. Or, le produit d'un nombre quelconque par 0 est 0, ce qui montre bien l'impossibilité du problème.

Comme autre exemple, soit à diviser 0 par 0. Alors on pourra dire que le quotient est égal à n'importe quel nombre, à $+\,11$ par exemple, car le produit de $+\,11$ par 0 est bien égal à 0.

En résumé, le diviseur doit toujours être supposé différent de zéro, parce que, s'il était nul, le problème serait *impossible* ou *indéterminé*.

44. Remarque. — Le quotient de deux nombres relatifs est une expression analogue aux *fractions* ou *rapports* que l'on considère en arithmétique, et jouissant des même propriétés. On peut, par exemple, multiplier le dividende et le diviseur par un même nombre (différent de 0) sans changer la valeur de l'expression. Ceci permet de réduire plusieurs expressions de ce genre au même dénominateur, etc.

INÉGALITÉS

45. Définition. — On dit qu'un nombre **a** est plus grand qu'un nombre **b** et on écrit : $a > b$ lorsque la différence $a - b$ est positive. On écrit aussi, dans le même sens : $b < a$ et on dit que **b** est plus petit que **a**.

$a > b$, $b < a$ s'appellent des inégalités.

46. Grandeur relative des nombres positifs et négatifs. — *Tout nombre positif est plus grand que zéro ; tout nombre négatif est plus petit que zéro.* En effet, la différence $a - 0$ se réduit à **a** ; elle est positive si **a** est positif, négative si **a** est négatif, ce qui justifie l'énoncé.

Tout nombre positif est plus grand que n'importe quel nombre négatif. En effet, soient **a** un nombre positif, **b** un nombre négatif ; l'excès de **a** sur **b** est égal, comme nous savons (30), à la somme du nombre **a** et du nombre $- b$, c'est-à-dire à la somme de deux nombres positifs. Il est donc positif.

Enfin, de deux nombres négatifs, le plus grand est celui qui a la plus petite valeur absolue. Par exemple $- 3$ est plus grand que $- 7$, parce que l'excès de $- 3$ sur $- 7$ est $- 3 + 7$, qui est positif.

D'après ce qui précède, étant donnés plusieurs nombres relatifs, il sera toujours facile de les ranger par ordre de grandeur croissante.

L'ensemble des nombres arithmétiques est limité inférieurement par zéro ; il n'est pas limité supérieurement.

L'ensemble des nombres relatifs n'est limité ni *inférieurement ni supérieurement*. On dit que les nombres en algèbre peuvent varier de $-\infty$ à $+\infty$ (*de moins l'infini à plus l'infini*).

Dans la suite, pour exprimer qu'un nombre a est positif, on pourra écrire : $a > 0$; de même, pour exprimer que b est négatif, nous écrirons : $b < 0$.

47. Principes relatifs aux inégalités. — *1° On peut additionner membre à membre deux inégalités de même sens.*

Ainsi les inégalités :

$$a > b, \qquad a' > b'$$

entraînent la suivante :

$$a + a' > b + b'.$$

En effet, d'après les deux premières, $a - b$ et $a' - b'$ sont positifs. Donc il en est de même de leur somme, laquelle peut s'écrire : $a - b + a' - b'$ ou encore (26) : $a + a' - b - b'$ ou enfin (26) : $a + a' - (b + b')$. Donc on a bien : $a + a' > b + b'$.

2° On peut multiplier les deux membres d'une égalité par un même facteur **positif.**

En effet, soit l'inégalité : $a > b$ et m un nombre positif. Par hypothèse, la différence $a - b$ est positive, donc il en est de même du produit $m(a - b)$, lequel peut s'écrire : $ma - mb$. Donc on a bien : $ma > mb$.

3° On verrait de même que l'on peut multiplier les deux membres d'une égalité par un même facteur négatif à condition de changer le sens de l'inégalité.

Ainsi, m étant un nombre négatif, l'inégalité $a > b$ entraîne $ma < mb$. Démonstration analogue.

Comme exemple, on a : $7 > 5$, mais : $-70 < -50$.

EXPRESSIONS ALGÉBRIQUES

48. Définition. — On appelle **expression algébrique** l'indication, à l'aide des signes des opérations, d'une suite quelconque de calculs à effectuer sur des quantités numériques ou littérales (c'est-à-dire représentées par des lettres).

Ex. : $\dfrac{a+b}{2}$, $\dfrac{a-b}{2}$, $\dfrac{iat}{100}$, $4\sqrt{ab}$.

On distingue deux sortes principales d'expressions algébriques : les monômes et les polynômes.

49. Monômes. — On appelle **monôme** une expression où il n'entre ni signe d'addition ni signe de soustraction.

Un monôme est donc un produit de facteurs, ou un quotient de deux produits. Ainsi :

$$a^3, \qquad -5a^2bc^3, \qquad \frac{7}{8}a^3b^2, \qquad \frac{5ab^2}{3a^4c}, \qquad -\frac{2a^2\sqrt{b}}{c^3}$$

sont des monômes.

50. Un monôme est dit **rationnel** lorsqu'il ne contient aucune lettre sous un radical.

Il est dit **irrationnel** dans le cas contraire.

Ainsi $\dfrac{ab}{\sqrt{3}}$, $-\dfrac{5}{7}a^2b^3c$ sont des monômes rationnels, tandis que $3a\sqrt{x^2-y^2}$, $2\sqrt[3]{ab^2}$ sont des monômes irrationnels.

51. Un monôme est dit **algébriquement entier**, ou simplement **entier**, quand il est rationnel et que, de plus, il ne contient aucune lettre en dénominateur. $3a^2bc^3$ est un monôme entier ; $\dfrac{5ab^2}{3cx}$ est un monôme fractionnaire.

Dans cet ouvrage, sauf avis contraire, il ne sera question que de monômes entiers.

52. Coefficient et partie littérale. — Dans un monôme, il y a à distinguer le facteur numérique, positif ou négatif, qu'on écrit en tête et qu'on appelle **coefficient**, et la **partie littérale**. Ainsi dans le monôme : $7\,a^3b^2$, 7 est le coefficient, a^3, b^2 sont les facteurs littéraux. Dans $-5xy^2$, *le coefficient est* -5. On voit que le signe qui précède le monôme, et qui n'est d'ailleurs qu'un signe apparent (**21**), doit être considéré comme *incorporé au coefficient.*

Quand un monôme n'a que des facteurs littéraux, son coefficient doit être regardé comme égal à $+1$ ou à -1, suivant qu'il est précédé du signe $+$ ou du signe $-$.

53. Polynômes. — On appelle polynôme une somme de monômes. Un polynôme est donc composé d'une suite de monômes écrits à la suite les uns des autres, chacun étant précédé de son signe. Toutefois, si le signe du premier monôme est le signe $+$, on peut le supprimer sans inconvénient (**25**).

Ainsi :

$$a - b + c, \qquad -4ab^2 + \frac{5bc^2}{3} - \frac{7a^2\sqrt{bc}}{4}$$

sont des polynômes.

Les différents monômes qui composent un polynôme s'appelleront naturellement ses **termes**.

54. Un polynôme est **rationnel** ou **entier**, quand *tous* ses termes le sont eux-mêmes. Il est **irrationnel** ou **fractionnaire** dans le cas contraire.

Il ne sera question par la suite que de polynômes entiers, et le plus souvent, l'épithète sera supprimée.

55. Un **binôme** est un polynôme à deux termes. Un **trinôme** est un polynôme à trois termes.

56. Degré d'un monôme ou d'un polynôme. — On appelle **degré** *d'un monôme par rapport à une lettre*, l'exposant de cette lettre dans le monôme. Lorsqu'il n'est pas écrit, on doit le regarder comme égal à l'unité.

57. On appelle *degré d'un monôme par rapport à l'ensemble des lettres*, la somme des exposants de toutes les lettres qui entrent dans sa composition ([1]).

58. On appelle *degré d'un polynôme par rapport à une lettre*, le plus grand exposant de cette lettre dans le polynôme (c'est-à-dire le degré de celui de ses termes qui a le degré le plus élevé).

59. De même, on appelle *degré d'un polynôme par rapport à l'ensemble des lettres* qu'il renferme, la somme des exposants de toutes ses lettres dans le terme où cette somme est la plus forte.

60. Polynôme homogène. — Un **polynôme homogène** est *un polynôme dont tous les termes sont du même degré* (par rapport à l'ensemble des lettres). Ce degré

([1]) On a quelquefois à considérer le *degré d'un monôme par rapport à un certain groupe de lettres*. Par exemple, le monôme $4abxy^2$ est du premier degré par rapport à a, ou à b, ou à x, du second degré par rapport à y, du cinquième par rapport à l'ensemble de toutes ses lettres, enfin du troisième par rapport à l'ensemble des lettres x et y. Cette notion s'étend immédiatement aux polynômes.

s'appelle le **degré d'homogénéité** du polynôme. Ainsi :

$$a^3 - 3a^2b + 3ab^2 - b^3, \qquad x^2 + 2xy + 2y^2,$$

sont des polynômes homogènes, respectivement du troisième et du second degré.

61. Valeur numérique d'une expression algébrique. — On appelle *valeur numérique d'une expression algébrique, pour un système de valeurs particulières des lettres qui y entrent*, le nombre obtenu en remplaçant les lettres par les valeurs numériques qui leur sont attribuées, et effectuant les opérations indiquées. Exemples :

1° Soit le monôme : $8\,a^2b$. Pour $a = -\dfrac{1}{2}$ et $b = 9$, la valeur numérique de ce monôme est :

$$8 \times \left(-\frac{1}{2}\right)^2 \times 9 = 18.$$

2° Soit le polynôme $x^2 - 5x + 6$. On verra sans peine que pour $x = 2$, ce polynôme se réduit à zéro. Il en est de même pour $x = 3$. Pour $x = -10$, sa valeur numérique serait 156.

62. Il est à peine besoin de faire remarquer qu'une expression algébrique n'a, *par elle-même*, aucune valeur numérique. Elle n'en acquiert une que lorsqu'on remplace toutes les lettres qui y figurent par des nombres déterminés. Quand il sera question de la valeur numérique d'une expression, sans que ces nombres aient été spécifiés, il faudra entendre par là *la valeur numérique éventuelle de l'expression*.

63. Expressions équivalentes. — On appelle ainsi des expressions qui prennent la même valeur numérique, *quels que soient les nombres* qu'on mette à la place des lettres qu'elles renferment. Ainsi nous verrons plus tard que :

$$(a + b)(a - b) \quad \text{et} \quad a^2 - b^2$$

sont des expressions équivalentes.

64. Termes semblables d'un polynôme. — On appelle termes semblables d'un polynôme des termes qui ont même partie littérale et qui, par conséquent, ne peuvent différer que par le coefficient.

Ainsi, dans le polynôme :

$$3ab^2 - a^2b + \frac{7}{10}a^2b - 2ab^2 + 5a^2b,$$

le premier terme et le quatrième sont des termes semblables.

65. Réduction des termes semblables. — Réduire des termes semblables, c'est les remplacer par un terme unique, de manière que la valeur numérique du polynôme ne soit pas modifiée, autrement dit, *de manière que le nouveau polynôme soit équivalent à l'ancien.*

Considérons, par exemple, le polynôme :

$$S + 5a^2b - \frac{2}{3}a^2b + \frac{3}{4}a^2b,$$

qui contient trois termes semblables en évidence, et où l'on a représenté, pour abréger, par la lettre S l'ensemble des autres termes. Quelles que soient les valeurs qu'on attribuera ultérieurement aux lettres, ce polynôme aura la même valeur que :

$$S + \left(5 - \frac{2}{3} + \frac{3}{4}\right)a^2b,$$

ou plus simplement $S + \dfrac{61}{12} a^2b$.

Cela est évident, si on se reporte au théorème relatif au produit d'une somme (algébrique) par un nombre. De même le polynôme :

$$S - 8xy^2z^3 + 5xy^2z^3 - 7xy^2z^3$$

pourra être remplacé par :

$$S + (- 8 + 5 - 7)\, xy^2z^3 \quad \text{ou} \quad S - 10xy^2z^3.$$

66. RÈGLE. —De là il résulte que, *lorsqu'un polynôme renferme plusieurs termes semblables, on peut toujours les remplacer par un terme unique ayant même partie littérale et, pour coefficient, la somme des coefficients.*

67. Un polynôme dans lequel on a effectué toutes les réductions de termes semblables qui peuvent se présenter est dit **réduit.**

En principe, un polynôme que l'on trouve comme résultat d'un calcul doit toujours être réduit.

EXERCICES SUR LE CHAPITRE II.

6. Calculer la somme des nombres : $+4,\ -\dfrac{3}{7}$ et $+\dfrac{7}{8}$; même question pour les nombres : $-5,\ \dfrac{3}{5}$ et $\dfrac{3}{4}$. Quel nombre faudrait-il ajouter à cette dernière somme pour obtenir zéro ?

7. Quel est l'excès de 3 sur 7 ? De $\frac{4}{5}$ sur $\frac{5}{6}$? De $\frac{3}{4}$ sur $-\frac{5}{12}$? De $-\frac{4}{5}$ sur 21 ?

8. Supposons qu'on représente le gain d'un joueur par le nombre de francs qu'il a gagnés, précédé du signe +, et sa perte, par le nombre de francs qu'il a perdus, précédé du signe —. (Ce nombre est ce qu'on peut appeler dans ce cas le *gain négatif* du joueur.)

Ceci posé, des joueurs en nombre j, en se mettant au jeu, conviennent qu'à chaque partie, le perdant donnera 1 franc à chacun des autres. Ils jouent n parties ; l'un d'eux en perd p. Quelle est la formule qui représente le gain, positif ou négatif, de ce joueur ?

9. Calculer la valeur des monômes suivants, en supposant : $a = 5$, $b = 2$, $c = 9$:

$$8a^3b^2c \; ; \qquad \frac{2}{3} \, a^2b\sqrt{c} \; ; \qquad \frac{11 \; a \, b^2}{\sqrt{c^2 + 19}}.$$

10. Même question en supposant :

$$a = -17, \qquad b = -15, \qquad c = 9.$$

11. Valeur numérique de $\sqrt{x + \sqrt{x + \sqrt{x + 2}}}$, pour $x = 2$. Calculer la valeur numérique des expressions suivantes pour $a = 8$, $b = \frac{1}{3}$, $c = 2$:

12. $3a^2 + \frac{4}{5} bc - 3b$;   **13.** $7ab^2 - \frac{1}{6} \sqrt{ac} + abc$.

14. Calculer la valeur numérique pour $x = 10$ du polynôme :

$$5x^7 + 6x^6 + 9x^5 + x^3 + 7x^2 + 3x + 2.$$

15. Calculer la valeur numérique du polynôme :

$$3x^4 - x^3 + 7x^2 - 6x + 36$$

pour $x = 8$, puis pour $x = \mid 8$.

Par quel nombre faudrait-il remplacer le terme final 36 pour que le polynôme prenne des valeurs opposées pour $x = 8$ et pour $x = -8$?

16. Calculer la valeur numérique du polynôme :

$$ax^2 + bx^2 - a^2x + b^2x - abx + a^3 - 3a^2b + b^3$$

pour $x = 5, \quad a = 3, \quad b = 4$.

17. Valeur numérique de l'expression suivante pour $a = 4, \quad b = 2, \quad c = 3$:

$$\frac{2a + 2b + c - abc + 2ab + c^2}{2a - 3b + c}.$$

18. Valeur numérique de $\dfrac{\sqrt{x^2 + y^2}}{xy}$ pour $x = 3, \quad y = 4$.

19. Réduire les termes semblables du polynôme :

$$8a^4 - 2a^3x + \frac{1}{6}\,a^3x + a^3x + 5a^2x^2 - \frac{13}{6}\,a^2x^2 + \frac{5}{7}\,ax^3 + x^4,$$

et calculer ensuite sa valeur numérique pour $a = 3$ et $x = 2$.

20. Réduire les termes semblables de :

$$a^4 + 3a^3b + 5ab^3 - 2a^3b - 3a^3b + 4ab^3 - b^4 + 12a^2b^2.$$

Vérifier, en faisant $a = 5, \quad b = 2$, que l'expression obtenue est équivalente à l'expression donnée.

Même vérification avec $a = 3, \quad b = -1$.

21. Réduire les termes semblables du polynôme :

$$\frac{3}{5}\,x^4y^2 - \frac{2}{3}\,x^3y^2 - \frac{1}{2}\,x^2y - \frac{1}{6}\,x^2 - \frac{2}{5}\,x^4y^2 + \frac{7}{6}\,x^2y + \frac{2}{3}\,x^3y^2 + x^2y$$

CHAPITRE III

ADDITION ET SOUSTRACTION ALGÉBRIQUES

68. Calcul algébrique. — Les nombres, en algèbre, étant en partie remplacés par des lettres, *on ne peut effectuer* les opérations comme on le fait en arithmétique, c'est-à-dire *de façon à obtenir un résultat numérique.* Mais on peut souvent *remplacer les expressions données par des expressions équivalentes de forme plus simple.* C'est dans cette transformation, que consiste le **calcul algébrique.**

69. D'une manière plus précise, s'il s'agit en particulier de polynômes, nous appellerons **somme, différence, produit** de deux polynômes un polynôme unique dont la valeur numérique soit égale, dans tous les cas, à la somme, à la différence, au produit des valeurs numériques des polynômes donnés.

ADDITION

70. Addition des monômes. — Un polynôme étant, par définition (53), une somme de monômes, *il suffit pour additionner plusieurs monômes, de les écrire à la suite les uns des autres,* chacun conservant, naturellement, son signe. *On effectue ensuite, s'il y a lieu, la réduction des termes semblables.*

71. Ainsi la somme des monômes : $-3a^2b$, $\frac{3}{4}a^2b$, $7ab^2$ est :

$$-3a^2b + \frac{3}{4}a^2b + 7ab^2,$$

ou plus simplement (66) :

$$-\frac{9}{4}a^2b + 7ab^2.$$

72. Addition des polynômes. — RÈGLE. — *Pour additionner deux ou plusieurs polynômes, on les écrit à la suite les uns des autres. On effectue ensuite la réduction des termes semblables.* Cette règle résulte immédiatement des propriétés des sommes de nombres relatifs.

73. Par exemple la somme des deux polynômes :

$$6a^4b^2 - 3a^3b^3 + 7a^2b^4 - 8ab^5$$

et :

$$4a^3b^3 - 9a^2b^4 - 4ab^5 + 13b^6$$

est :

$$6a^4b^2 - 3a^3b^3 + 7a^2b^4 - 8ab^5 +$$
$$4a^3b^3 - 9a^2b^4 - 4ab^5 + 13b^6$$

ou, après réduction :

$$6a^4b^2 + a^3b^3 - 2a^2b^4 - 12ab^5 + 13b^6.$$

74. Remarque. — Pour faciliter les calculs, il est bon d'écrire les polynômes à additionner les uns au-dessous des autres, *de manière que les termes semblables se trouvent rangés par colonnes verticales.*

SOUSTRACTION

75. Soustraction des monômes. — *Pour soustraire un monôme d'un autre monôme, on l'écrit à la suite de celui-ci, mais en changeant son signe* (voir 30).

Ainsi, pour retrancher b de a, on écrira : $a - b$ pour retrancher $7a^3b^5$ de $- 3a^3b^5$, on écrira :

$$- 3a^3b^5 - 7a^3b^5,$$

ou plus simplement $- 10a^3b^5$.

76. Soustraction des polynômes. — **RÈGLE.** — *Pour soustraire un polynôme d'un autre polynôme, on écrit à la suite de celui-ci le polynôme à soustraire, en changeant le signe de chacun de ses termes* (voir 30 et 28).

77. Par exemple, pour retrancher du polynôme : $a + b - c$, le polynôme : $d - e + f$, on écrira :

$$a + b - c - d + e - .$$

Soit encore à soustraire du polynôme P :

$$7x^5 - 5ax^4 + 6a^2x^3 - 4a^3x^2 - a^4x + a^5$$

le polynôme P′ :

$$3x^5 + 2a^2x^3 - 8a^4x - 2a^5.$$

J'écris le premier polynôme, au-dessous le second, en changeant les signes de tous ses termes, et *en ayant soin d'écrire les termes semblables les uns au-dessous des autres.* On n'a plus alors à effectuer qu'une addition de polynômes ; voici le tableau de l'opération :

$$7x^5 - 5ax^4 + 6a^2x^3 - 4a^3x^2 - a^4x + a^5$$
$$- 3x^5 \qquad\quad - 2a^2x^3 \qquad\qquad + 8a^4x + 2a^5$$
$$\overline{4x^5 - 5ax^4 + 4a^2x^3 - 4a^3x^2 - 7a^4x + 3a^5.}$$

EXERCICES SUR LE CHAPITRE III.

22. Faire la somme des polynômes :

$$3a + 2b - 4c, \quad 5b + 4c - 7a, \quad 9c + 8a - 12b, \quad 6a + 7b + 8c.$$

23. Additionner entre eux les polynômes :

$$7x - 6y + 5z - a + 3,$$
$$- x - 3y \qquad - a - 8,$$
$$- x + y - 3z + 7a - 1,$$
$$- 2x + 3y + 3z - a + 1,$$
$$x + 8y - 5z + a + 9.$$

24. Faire la somme des trois binômes : $b + c$, $c + a$, $a + b$, puis retrancher de cette somme successivement le double de chacun d'eux.

25. Additionner :

$$4a^3 - 5a^2b + 7ab^2 - 9b^3,$$
$$- 2a^3 + 4a^2b - 2ab^2 - 4b^3,$$
$$6a^3 - 10a^2b + 8ab^2 + 10b^3,$$
$$- 3a^3 - 8a^2b + 5ab^2 - 8b^3.$$

26. Additionner :

$$4a^6b + 5a^5b^2 - 2a^4b^3 + 2a^3b^4 - 11a^2b^5,$$
$$2a^7 + a^4b^3 + 7a^3b^4 - 3ab^6,$$
$$7a^5b^2 + 2a^3b^4 + 7ab^6 - b^7,$$
$$5a^3b^4 - 11a^4b^3 + 2ab^6 - 3a^5b^2.$$

27. Du polynôme :

$$6a^3 - 3a^2b - 3ab^2 - 9b^3,$$

retrancher le polynôme :

$$3a^3 - 4a^2b - 5ab^2 + 2b^3.$$

28. Du polynôme :

$$14a^4 - 19a^3b + 16a^2b^2 + 10ab^3 - 10b^4,$$

retrancher le polynôme :

$$6a^4 - 14a^3b - 20a^2b^2 + 19ab^3 - 11b^4.$$

29. Du polynôme :

$$7x^5 - 6x^4 - 2x^3 + x^2 - 10,$$

retrancher le polynôme :

$$x^5 - 2x^4 + 5x^3 - 2x^2 - 2x.$$

30. Du polynôme :

$$\frac{5}{2}a^2 - \frac{2}{3}b^2 + \frac{1}{4}ab,$$

soustraire le polynôme :

$$\frac{2}{3}a^2 - \frac{3}{4}b^2 - \frac{1}{2}ab.$$

31. Effectuer la somme des trois polynômes : $7a + 8b - 5c$, $3a - 17b + 4c$, $2a + b - 11c$.

32. Quel est le polynôme qu'il faudrait ajouter au résultat pour que la somme totale fût : $a + b + c$?

33. La somme de deux polynômes est $3a - 2b - 3c$, leur différence est $a + 4b - 5c$. Quels sont ces polynômes ?

34. On a partagé une droite en trois segments ; le deuxième a a mètres de plus que le premier et le troisième b mètres de plus que le second. Exprimer la longueur de la droite, le premier segment étant représenté par x.

35. Dans un rectangle, le grand côté surpasse de a mètres le plus petit. Quelle est la longueur du contour, x étant le plus petit ?

36. A dit à B : donne-moi a de tes francs, puisque tu en as 3 fois autant que moi, et moi j'en donnerai b à C, qui en a c de moins que moi. Cela fait, exprimer ce que chacun possède, x représentant ce que possédait A.

37. Des trois angles A, B, C d'un triangle, B est plus petit que A de a degrés. Exprimer la valeur de C, x étant le nombre des degrés de A.

38. L'âge d'un enfant est x, celui de son frère aîné est y. Quel âge aura l'aîné quand l'âge du plus jeune sera y ?

39. Trois personnes se partagent une somme s de la manière suivante : la première prend une partie, a, de la somme, plus la moitié du reste ; la deuxième prend une partie égale à $3a$ plus le quart du nouveau reste ; la troisième prend ce qui reste. Quelle est la part de chaque personne ?

CHAPITRE IV

MULTIPLICATION ALGÉBRIQUE

78. Multiplication des monômes. — 1° Considérons d'abord un cas particulier, celui de la multiplication des puissances d'une même quantité.

Le produit de deux puissances d'une même quantité s'obtient en affectant cette quantité d'un exposant égal à la somme des exposants des deux facteurs.

La démonstration est la même qu'en arithmétique : le produit de a^3 ou $a \cdot a \cdot a$ par a^4 ou $a \cdot a \cdot a \cdot a$ est égal au produit de tous les facteurs, c'est-à-dire à :

$$a \cdot a \cdot a \cdot a \cdot a \cdot a \cdot a \qquad \text{ou} \qquad a^7.$$

La règle s'étend immédiatement au cas d'un plus grand nombre de facteurs. Ainsi :

$$a^3 \cdot a^4 \cdot a^8 = a^{3+4+8} = a^{15},$$

et, d'une façon générale :

$$a^m \cdot a^n \cdot a^p = a^{m+n+p}.$$

2° Soit maintenant à effectuer le produit du monôme $5a^2b^3c^2$ par le monôme $3ac^4d^5$.

Quelles que soient les valeurs attribuées aux lettres, les deux monômes considérés deviendront deux produits de facteurs, et, pour les multiplier, il suffira (36, 7°) de faire le produit de tous leurs facteurs. Ce produit peut s'écrire, en rétablissant le signe de multiplication :

$$5 . a^2 . b^3 . c^2 . 3 . a . c^4 . d^5,$$

ou, en intervertissant l'ordre des facteurs :

$$5 . 3 . a^2 . a . b^3 . c^2 . c^4 . d^5,$$

ou enfin, en remplaçant l'ensemble des deux premiers facteurs par leur produit 15 ; l'ensemble des deux suivants par leur produit a^3 (voir 1°) ; enfin l'ensemble des facteurs c^2, c^4 par leur produit c^6 :

$$15a^3b^3c^6d^5.$$

De même le produit de $4x^3y^2$ par $- 5xy^3z^4$ serait :

$$- 20x^4y^5z^4.$$

79. La règle s'étend d'elle-même immédiatement au cas d'un plus grand nombre de monômes. Nous pouvons l'énoncer ainsi.

RÈGLE. — *Pour faire le produit de plusieurs monômes, on multiplie entre eux les coefficients, et l'on a le coefficient du produit ; puis on écrit à sa suite les lettres qui sont communes à plusieurs des monômes avec un exposant égal à la somme de leurs exposants, et celles qui n'entrent que dans un seul monôme en leur conservant leur exposant.*

80. Par exemple, on aurait :

$$(- 5a^2b^3c) \times 4a^5b^2c^3 \times (- 2a^6b^4d^2) = + 40a^{13}b^9c^4d^2.$$

81. Puissance d'un monôme. — Comme conséquence, *pour élever un monôme à une certaine puissance,*

*il suffit d'élever à cette puissance chacun de ses facteurs,
y compris son coefficient.*

Par exemple :

$$(5a^2b^3c^4)^2 = 25a^4b^6c^8 \; ;$$
$$(-3a^2b^3c)^3 = -27a^6b^9c^3.$$

82. Multiplication d'un polynôme par un monôme (ou d'un monôme par un polynôme). — RÈGLE. — *Pour multiplier un polynôme par un monôme (ou un monôme par un polynôme), on multiplie par le monôme chaque terme du polynôme, et on fait la somme des produits obtenus.*

Cette règle se justifie d'elle-même, si on se reporte (40) au théorème qui concerne la multiplication d'une somme par un nombre (ou d'un nombre par une somme).

83. Comme application, on aurait :

$$m(a+b+c) = ma + mb + mc.$$
$$m(a+b-c) = ma + mb - mc.$$
$$(6a^4b^2 - 7a^3b^3 + 8a^2b^4 + 6ab^5 - 3b^6) \times 3a^2b =$$
$$18a^6b^3 - 21a^5b^4 + 24a^4b^5 + 18a^3b^6 - 9a^2b^7.$$

84. Mise en facteur commun. — Considérons, par exemple, le produit : $m(a+b-c)$; il peut être, d'après ce qui précède, remplacé par : $ma + mb - mc$. Donc réciproquement cette seconde expression peut être remplacée par la première. Faire cette substitution c'est ce qu'on appelle **mettre le monôme m en facteur commun.** Nous aurons à revenir plus loin sur cette importante opération.

85. Multiplication des polynômes. — RÈGLE. — *Pour faire le produit de deux polynômes, on multiplie* *successivement chaque terme du multiplicande par chaque terme du multiplicateur, et on fait la somme des produits obtenus.*

La justification de cette règle est immédiate, d'après le théorème relatif à la multiplication d'une somme par une somme (41).

Il est à peine besoin de dire qu'on peut considérer à volonté l'un ou l'autre des deux polynômes comme étant le multiplicande ; l'autre jouera le rôle de multiplicateur,

86. Comme application, on aurait, par exemple :

$$(a + b + c)(m + n + p) =$$
$$am + bm + cm + an + bn + cn + ab + bp + cp.$$
$$(a + b - c)(m - n + p) =$$
$$am + bm - cm - an - bn + cn + ap + bp - cp.$$

Il importe, pour éviter toute erreur, de procéder avec ordre et d'appliquer attentivement la *règle des signes* (38). Ainsi pour former le produit de $(a + b - c)$ par $(m - n + p)$, on a à écrire d'abord les produits de $+ a$, $+ b$ et $- c$ par m, qui sont : $+ am$, $+ bm$ et $- cm$; ensuite les produits de $+ a$, $+ b$ et $- c$ par $- n$, qui sont $- an$, $- bn$ et $+ cn$, et enfin les produits de $+ a$, $+ b$ et $- c$ par $+ p$, c'est-à-dire $+ ap$, $+ bp$ et $- cp$.

87. Remarque I. — Le produit une fois effectué d'après cette règle, il convient de réduire les termes semblables, s'il y a lieu.

88. Remarque II. — L'application répétée de la règle précédente fournit sans peine le produit d'un nombre quelconque de polynômes.

PRODUIT DE DEUX POLYNOMES ORDONNÉS

89. Définition. — On dit qu'un polynôme est **ordonné** suivant les puissances croissantes ou décroissantes d'une lettre qui s'appelle alors *lettre ordonnatrice*, lorsque les termes de ce polynôme sont disposés dans un ordre tel que l'exposant de la lettre ordonnatrice aille sans cesse en croissant ou sans cesse en décroissant quand on passe d'un terme au suivant.

Ainsi le polynôme :

$$x^4 - 3ax^3 + 5a^2x^2 - 7a^3x - a^4$$

est ordonné suivant les puissances décroissantes de **x**.

90. Lorsqu'un polynôme comme le précédent est homogène par rapport à deux lettres, **x** et **a**, par le fait même qu'il est ordonné suivant les puissances décroissantes de l'une, **x**, il se trouve en même temps ordonné suivant les puissances croissantes de l'autre.

91. Un polynôme ordonné est **complet** lorsqu'il renferme toutes les puissances de la lettre ordonnatrice jusqu'à la plus haute, plus un terme constant (c'est-à-dire ne renfermant pas cette lettre); il est **incomplet** dans le cas contraire. Ainsi :

$$4x^3 + 3x^2 - 5x + 6$$

est un *polynôme complet* du quatrième degré;

$$4x^3 - 3x + 1,$$
$$ax^2 + bx$$

sont des *polynômes incomplets*, le premier du troisième degré, le deuxième du second degré en x.

92. Pour faciliter la réduction des termes semblables dans le produit de deux polynômes, on *ordonne les deux facteurs* suivant les puissances croissantes ou décroissantes d'une même lettre, mais de la même manière dans les deux polynômes. On les écrit l'un sous l'autre, et l'on tire un trait horizontal sous le multiplicateur. On multiplie successivement chacun des termes du multiplicande par le premier terme du multiplicateur, en *observant la règle des signes*, et on écrit ces produits sur une première ligne horizontale; on multiplie de même le multiplicande par le second terme du multiplicateur, en observant toujours la règle des signes, et on écrit les produits obtenus dans une seconde ligne horizontale, en plaçant les termes semblables les uns sous les autres, et ainsi de suite, jusqu'à ce qu'on ait employé tous les termes du multiplicateur. On souligne le tout; puis on additionne les résultats ainsi obtenus en faisant en même temps la réduction des termes semblables.

93. Exemple. — Soit à multiplier :

$3x^4 - 8ax^3 + a^2x^2 - 7a^3x - a^4$ par $2x^2 - ax + 4a^2$.

$$
\begin{array}{l}
3x^4 - 8ax^3 + a^2x^2 - 7a^3x - a^4 \\
2x^2 - ax + 4a^2 \\
\hline
6x^6 - 16ax^5 + 2a^2x^4 - 14a^3x^3 - 2a^4x^2 \\
\quad\ - 3ax^5 + 8a^2x^4 - a^3x^3 + 7a^4x^2 + a^5x \\
\quad\qquad\ + 12a^2x^4 - 32a^3x^3 + 4a^4x^2 - 28a^5x - 4a^6 \\
\hline
6x^6 - 19ax^5 + 22a^2x^4 - 47a^3x^3 + 9a^4x^2 - 27a^5x - 4a^6
\end{array}
$$

94. Autre exemple. — Soit à multiplier :

$5x^4 + a^2x^2 - 5a^3x - a^4$ par $x^2 - ax + 4a^2$.

Le multiplicande étant incomplet, les produits partiels le seront aussi. Il convient, dans ce cas, de laisser en blanc la place des termes qui manquent, afin que chaque terme se trouve écrit au rang qui lui convient.

$$5x^4 \qquad\quad + \quad a^2x^2 - 5a^3x - a^4$$
$$\underline{x^2 - ax + 4a^2 \qquad\qquad\qquad\qquad}$$
$$5x^6 \qquad\quad + \quad a^2x^4 - 5a^3x^3 - a^4x^2$$
$$\quad -5ax^5 \qquad\qquad\quad - a^3x^3 + 5a^4x^2 + a^5x$$
$$\underline{\qquad + 20a^2x^4 \qquad\qquad + 4a^4x^2 - 20a^5x - 4a^6}$$
$$5x^6 - 5ax^5 + 21a^2x^4 - 6a^3x^3 + 8a^4x^2 - 19a^5x - 4a^6$$

95. THÉORÈME. — *Le produit de deux polynômes est toujours, au moins, un binôme.*

Considérons, par exemple, le produit du polynôme : $3x^5 - 6x^4 + 7x^3 + 2x^2$ par le polynôme : $4x^3 - 3x^2 + 6x$:

$$3x^5 - 6x^4 + 7x^3 + 2x^2$$
$$\underline{4x^3 - 3x^2 + 6x \qquad}$$
$$12x^8 - 24x^7 + 28x^6 + 8x^5$$
$$\quad - 9x^7 + 18x^6 - 21x^5 - 6x^4$$
$$\underline{\qquad\quad + 18x^6 - 36x^5 + 42x^4 + 12x^3}$$
$$12x^8 - 33x^7 + 64x^6 - 49x^5 - 36x^4 + 12x^3$$

On remarquera que *le premier terme*, $12x^8$, *du produit ordonné est égal*, **sans réduction**, *au produit des premiers termes*, $3x^5$ *et* $4x^3$, *du multiplicande et du multiplicateur*. Cette circonstance n'est pas particulière au cas actuel : elle se reproduira dans toutes les multiplications de polynômes. En effet, quand on multiplie entre eux deux termes pris, l'un dans le multiplicande, l'autre dans le multiplicateur, les exposants de la lettre ordonnatrice s'ajoutent; si ces deux termes sont les premiers termes des deux facteurs, c'est-à-dire ceux qui renferment la lettre ordonnatrice avec les plus forts exposants, le terme ainsi obtenu contient cette lettre avec un exposant plus fort que tous les autres termes du produit, et, par conséquent, *ne peut se réduire avec aucun autre.*

Pour une raison toute pareille, *le dernier terme du produit est égal, sans réduction, au produit des deux derniers termes des deux polynômes.*

Le produit de deux polynômes contiendra donc nécessairement au moins deux termes, C. Q. F. D.

96. Remarque. — Il peut arriver, d'ailleurs, que le produit se réduise aux deux termes extrêmes. Ex. :

$$x^2 - 2xy + 2y^2$$
$$\underline{x^2 + 2xy + 2y^2}$$
$$x^4 - 2x^3y + 2x^2y^2$$
$$\quad + 2x^3y - 4x^2y^2 + 2xy^3$$
$$\underline{\qquad\qquad + 2x^2y^2 - 2xy^3 + 4y^4}$$
$$x^4 \qquad\qquad\qquad\qquad + 4y^4$$

Multiplications remarquables

97. 1° Formons le carré du binôme $(a + b)$. Il suffit pour cela de multiplier ce binôme par lui-même.

$$a + b$$
$$\underline{a + b}$$
$$a^2 + ab$$
$$\underline{\quad + ab + b^2}$$
$$a^2 + 2ab + b^2$$

On a donc la formule :

$$(a + b)^2 = a^2 + 2ab + b^2,$$

qui peut s'énoncer, en langage ordinaire, comme il suit :

Le carré de la somme de deux quantités se compose du carré de la première, plus deux fois le produit de la première par la seconde, plus le carré de la seconde (Voir Ar. B., 330).

98. 2° Formons de même le carré de $(a - b)$.

$$
\begin{array}{r}
a - b \\
a - b \\
\hline
a^2 - ab \\
\quad - ab + b^2 \\
\hline
a^2 - 2ab + b^2
\end{array}
$$

On a donc la formule :

$$(a - b)^2 = a^2 - 2ab + b^2.$$

C'est-à-dire que : *le carré de la différence de deux quantités se compose du carré de la première, moins deux fois le produit de la première par la seconde, plus le carré de la seconde.*

99. 3° Enfin effectuons le produit de $(a + b)$ par $(a - b)$.

$$
\begin{array}{r}
a + b \\
a - b \\
\hline
a^2 + ab \\
\quad - ab - b^2 \\
\hline
a^2 \qquad - b^2
\end{array}
$$

On a la formule :

$$(a + b)(a - b) = a^2 - b^2,$$

c'est-à-dire que : *le produit de la somme de deux quantités par leur différence est égal à la différence des carrés de ces deux quantités.*

Cette formule est, pour les transformations algébriques, de *la plus grande importance* : on a souvent, dans les calculs, à remplacer le premier membre par le second, et inversement.

100. 4° Pour avoir le cube de $(a + b)$, il suffit de multiplier par $(a + b)$ le développement de $(a + b)^2$, déjà obtenu plus haut.

$$
\begin{array}{l}
a^2 + 2ab + b^2 \\
a \ + \ b \\
\hline
a^3 + 2a^2b + \ ab^2 \\
\ \ \ \ \ + \ a^2b + 2ab^2 + b^3 \\
\hline
a^3 + 3a^2b + 3ab^2 + b^3
\end{array}
$$

On a donc :

$$(a + b)^3 = a^3 + 3a^2b + 3ab^2 + b^3,$$

c'est-à-dire que : *Le cube de la somme de deux quantités se compose du cube de la première, plus trois fois le produit du carré de la première par la seconde, plus trois fois le produit de la première par le carré de la seconde, plus le cube de la seconde* (Voir Ar. B., 357).

101. 5° On établirait de même la formule :

$$(a - b)^3 = a^3 - 3a^2b + 3ab^2 - b^3.$$

EXERCICES SUR LE CHAPITRE IV.

40. Effectuer les multiplications suivantes :

1° $4x \times 7y.$

2° $9x^2 \times 5xy.$

3° $20x^3y \times 9x^2yz^2.$

4° $\qquad 7a^4b^2cd^3 \times 5ab^5c^2de.$

5° $\qquad 3ab^2c^3 \times 4a^2bc^2 \times 7a^3b^4c.$

6° $\qquad 5ab^2d \times 7a^2bc^3 \times 2abd^2e^3.$

41. Calculer le carré et le cube de chacun des monômes :

$$5ab^3c^2 \quad \text{et} \quad -\frac{2}{3}x^2yz^4.$$

42. Effectuer les multiplications suivantes :

1° $\qquad (8a^2 - 3ab + b^2) \times 7a.$

2° $\qquad (8x^2 + 5xy - 13y^2) \times 3xy^2.$

3° $\qquad (2a^4b^3 - 3a^6b - 2a^7) \times 3a^2b^4.$

4° $\qquad (-5a^2 + 3ab - 8b^2) \times (-9ab).$

5° $\qquad (x^2 - 3x - 7)(x - 2).$

6° $(6a^4b^2 - 7a^3b^3 + 8a^2b^4 + 6ab^5 - 3b^6)(7a^3b^5 - 3a^4b^4 - 7ab^7).$

7° $(x^4 + 2x^3 + 4x^2 + 4x + 4)(x^4 - 2x^3 + 4x - 4).$

8° $(a^3 - 2a^2b + 2ab^2 - b^3)(a^3 + 2a^2b + 2ab^2 + b^3).$

9° $\qquad (a^4 + a^3b + a^2b^2 + ab^3 + b^4)(a - b).$

10° $\quad (a^4 - 2a^3b + 4a^2b^2 - 8ab^3 + 16b^4)(a + 2b).$

$11^o(x^4 + 2x^3y + 2x^2y^2 + 2xy^3 + y^4)(x^4 - 2x^3y + 2x^2y^2 - 2xy^3 + y^4).$

12° $\quad (x^2 + y^2 + z^2 - yz - zx - xy)(x + y + z).$

13° $(a + b + c)(b + c - a)(c + a - b)(a + b - c).$

43. Développer le produit : $(1 + x)(1 + x^2)(1 + x^4)(1 + x^8.)$

44. Dans le produit de $(7x^5 - 9x^4 + 27x^3 + 40x^3 + 25x^2 - 9)$ par $(x^4 + 21x^3 - 8x^2 + 5)$, former le terme en x^4, sans effectuer la multiplication complète.

45. Former le carré du trinôme $(a + b + c)$ et énoncer le résultat en langage ordinaire.

46. Vérifier l'identité (voir n° 128) :

$$(a^2 + b^2)(a'^2 + b'^2) = (aa' + bb')^2 + (ab' - ba')^2.$$

47. Vérifier l'identité :

$$(a^2 + b^2 + c^2)(a'^2 + b'^2 + c'^2) - (aa' + bb' + cc')^2$$
$$= (bc' - cb')^2 + (ca' - ac')^2 + (ab' - ba')^2.$$

48. Simplifier l'expression :

$$(a + b)^3 + 3(a + b)^2(a - b) + 3(a + b)(a - b)^2 + (a - b)^3.$$

49. Simplifier l'expression :

$$(a + b + c + d)^2 + (a + b - c - d)^2$$
$$+ (a - b + c - d)^2 + (a - b - c + d)^2.$$

50. Montrer que l'expression :

$$(pa - qb + rc - sd)^2 + (qa + pb - sc - rd)^2$$
$$+ (ra - sb - pc + qd)^2 + (sa + rb + qc + pd)^2$$

est égale au produit :

$$(p^2 + q^2 + r^2 + s^2)\,(a^2 + b^2 + c^2 + d^2).$$

51. Décomposer le polynôme : $(a^2 - ab - ac + bc)$ en un produit de deux facteurs du premier degré.

52. En multipliant $(5x^2 - 2x + 7)$ par un certain binôme inconnu, on a trouvé comme produit : $15x^3 - 26x^2 + 29x - 28$. Quel était ce binôme ?

53. Exprimer algébriquement dans le système décimal la valeur d'un nombre de trois chiffres dont le chiffre des centaines est x, celui des dizaines y, enfin celui des unités z. Exprimer le même nombre renversé.

54. Trois fontaines coulent successivement dans un bassin, la première pendant a heures, la deuxième b heures, la troisième c heures ; la deuxième donne par heure m litres de plus que la première, la troisième n litres de plus que la deuxième : combien ces trois fontaines ont-elles fourni de litres d'eau, x désignant le nombre de litres que la première donne par heure ?

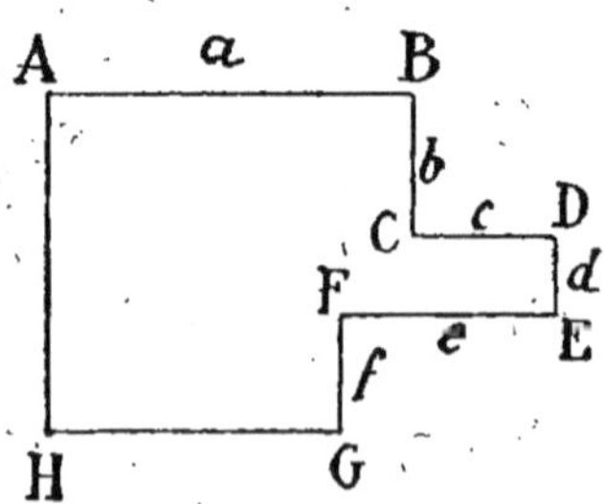

55. Un terrain est limité par la ligne polygonale ABCDEFGH, dont tous les angles sont droits. Tous les côtés, sauf GH et HA, sont connus et désignés par les lettres : a, b, c, d, e, f. Exprimer la surface du terrain.

CHAPITRE V

DIVISION

102. Définition. — La division algébrique est une opération qui a pour but, étant données deux expressions algébriques appelées l'une **dividende**, l'autre **diviseur**, de trouver une troisième expression algébrique appelée **quotient** qui, multipliée par le diviseur, reproduise le dividende.

103. On ne peut pas toujours trouver une expression algébrique, *de forme donnée à l'avance,* qui représente le quotient de deux expressions données : par exemple, il n'existe pas *en général* de polynôme entier qui représente le quotient d'un polynôme entier donné par un autre. On se contente alors d'indiquer la division au moyen du signe habituel. Par exemple, le quotient de $x + 1$ par $x - 1$ s'indiquera par la fraction $\dfrac{x+1}{x-1}$.

DIVISION DES MONOMES

Cas particulier : quotient de deux puissances d'une même quantité

104. Soit à diviser a^7 par a^4 : le quotient est $a^{7-4} = a^3$, car $a^4 . a^3 = a^{4+3} = a^7$.

D'une manière générale, **m** *étant supposé plus grand*

que n, le quotient de a^m par a^n est a^{m-n}, car :

$$a^n \cdot a^{m-n} = a^{m-n+n} = a^m.$$

Donc *le quotient de deux puissances d'une même quantité est une puissance de la même quantité ayant pour exposant l'excès de l'exposant du dividende sur l'exposant du diviseur.*

Cas général

105. Soit à diviser le monôme $28a^5b^3c^2$ par $7a^2b^3$.

Cherchons d'abord le coefficient du quotient. Or nous savons que, si nous multiplions le coefficient 7 du diviseur par le coefficient inconnu du quotient, nous devons retrouver le coefficient du dividende, c'est-à-dire 28 : donc, inversement, le coefficient du quotient est égal à $\dfrac{28}{7}$, ou à 4.

Passons à la partie littérale. D'après la règle de multiplication des monômes, l'exposant 5 de la lettre **a** au dividende est égal à la somme des exposants de cette lettre au diviseur et au quotient : donc la lettre **a** entre au quotient avec l'exposant 5 — 2, ou 3.

En second lieu, la lettre *b* ne doit pas entrer au quotient, car, si elle y figurait, ne fût-ce qu'avec l'exposant 1, elle devrait figurer au dividende avec un exposant supérieur à 3, tandis qu'elle y figure avec l'exposant 3.

Enfin, la lettre *c*, qui **n'entre** pas au diviseur, doit entrer au quotient avec le même exposant qu'elle a au dividende, c'est-à-dire avec l'exposant 2 : car, en faisant le produit du diviseur par le quotient, l'exposant de cette lettre gardera la valeur qu'il a dans le quotient.

Pour une raison analogue, le quotient ne doit d'ailleurs

renfermer aucun autre facteur que ceux que nous venons d'énumérer.

En résumé, le quotient cherché est :

$$4a^3c^2.$$

106. RÈGLE. — *Le coefficient du quotient s'obtient en divisant le coefficient du dividende par le coefficient du diviseur. Pour ce qui concerne la partie littérale, si une lettre figure au dividende avec un exposant plus grand qu'au diviseur, on l'écrit au quotient avec un exposant égal à l'excès de l'exposant du dividende sur l'exposant du diviseur; si une lettre figure au dividende et au diviseur avec le même exposant, on n'a pas à l'écrire au quotient ; enfin, si une lettre figure au divi-dende sans figurer au diviseur, on l'écrit au quotient avec l'exposant qu'elle a au dividende.*

107. Conditions de possibilité. — Il résulte de ce qui précède que, pour qu'il existe un monôme quotient, il faut et il suffit que toutes les lettres du diviseur figurent au dividende avec un exposant égal ou supérieur.

Le fait que le coefficient du dividende n'est pas divi-sible par le coefficient du diviseur n'empêche pas la division d'être possible. Par exemple, le quotient de $5a^4b^3c^2$ par $7a^3c^2$ est $\frac{5}{7}ab^3$, monôme entier, bien que son coefficient soit fractionnaire.

108. Quand la division n'est pas possible, on se borne à l'indiquer sous forme de fraction. Par exemple, le quotient de $5a^4b^3c^2d$ par $7a^3b^2c^3d^2$ est la fraction :

$$\frac{5a^4b^3c^2d}{7a^3b^2c^3d^2}$$

que nous apprendrons plus loin à simplifier (118).

DIVISION D'UN POLYNOME PAR UN MONOME

109. RÈGLE. — *Pour diviser un polynôme par un monôme, il suffit de diviser chaque terme du polynôme par le monôme.*

Le polynôme dividende peut toujours, d'une façon générale, être représenté par exemple par :

$$a + b + c.$$

De même, le monôme diviseur peut être représenté par une lettre unique, **m**. Je dis que le quotient est :

$$\frac{a}{m} + \frac{b}{m} + \frac{c}{m}.$$

En effet, si on multiplie ce polynôme par **m** (47), on reproduit le dividende $a + b + c$.

110. Par exemple, le quotient du polynôme

$$15a^4b^6 - 12a^5b^5 + 6a^6b^4 - 9a^7b^3$$

par le monôme $3a^3b^2$ est :

$$5ab^4 - 4a^2b^3 + 2a^3b^2 - 3a^4b.$$

MISE EN FACTEUR COMMUN

111. Nous pouvons maintenant indiquer avec plus de précision ce que l'on entend par mettre un monôme en facteur commun. Cette transformation consiste simplement, lorsque tous les termes d'un polynôme sont divisibles par un monôme, à multiplier et à diviser le polynôme par le monôme, la multiplication étant seulement indiquée, et la division effectuée au moyen de la règle précédente.

Par exemple, pour mettre $3a^3b^2$ en facteur dans le polynôme que nous venons de considérer :

$$15a^4b^6 - 12a^5b^5 + 6a^6b^4 - 9a^7b^3,$$

on l'écrira :

$$3a^3b^2(5ab^4 - 4a^2b^3 + 2a^3b^2 - 3a^4b),$$

expression évidemment équivalente au polynôme donné.

D'une manière générale, mettre le monôme m en facteur dans le polynôme $a + b + c$ revient à l'écrire sous la forme :

$$m\left(\frac{a}{m} + \frac{b}{m} + \frac{c}{m}\right).$$

Cette transformation n'est le plus souvent avantageuse que lorsque tous les termes du polynôme sont divisibles par le monôme. Elle est toutefois légitime dans tous les cas ; seulement, si la condition précédente n'est pas remplie, la division par m ne peut qu'être indiquée.

112. RÈGLE GÉNÉRALE. — *Pour mettre un monôme en facteur commun dans un polynôme donné, on écrit ce monôme, et on le multiplie par une parenthèse contenant la somme algébrique des quotients des termes du polynôme par le monôme.*

Division des polynômes

113. Le quotient d'un polynôme A par un autre polynôme B ne peut le plus souvent qu'être indiqué.

Par exemple, le quotient de $a + b - c + d$ par $e - f - g + h$ ne peut que s'écrire sous la forme :

$$\frac{a + b - c + d}{e - f - g + h}.$$

Cependant, quand les polynômes **A** et **B** contiennent une même lettre, il peut exister un troisième polynôme **C** entier par rapport à cette lettre qui, multiplié par le diviseur, reproduise le dividende. Trouver ce polynôme **C**, quand il existe, est ce qu'on appelle effectuer la division.

Nous laissons de côté, comme ne rentrant pas dans le cadre de cet ouvrage, la théorie de la division d'un polynôme par un polynôme.

EXERCICES SUR LE CHAPITRE V.

Effectuer les divisions suivantes :

56. $\qquad 16a^4b^3c^5d : 8a^2bc^2$;

57. $\qquad 30x^3y^2z : 10xyz$;

58. $\qquad 5a^2b^3c^4x^3y^3 : 10a^2b^2c^2xy$.

59. $\qquad 28a^3b^2cd^4$ par $7a^2b^2d^3$.

60. Calculer le quotient de $64ax^4 + 48a^2x^3 - 40a^3x^2$ par $8ax$.

61. Calculer le quotient de $9a^2b - 12ab^2 + 36a^3b^5$ par $\frac{3}{4}ab$.

62. Diviser $10x^3 + 6x^2y - 16x^2z$ par $- 2x^2$.

63. Diviser $12a^4b^8 - 15a^5b^7 + 3a^6b^6 - 12a^7b^5$ par $3a^3b^4$.

64. Par quel monôme faut-il diviser $36a^5b^2c^3$ pour trouver comme quotient $4a^3b^2$?

65. Mettre en évidence les facteurs communs aux différents termes du polynôme :

$$12x^8y^4z^2 - 18x^4y^5z^5 + 27x^3y^7z^4 - 36x^4y^3z^7.$$

CHAPITRE VI

FRACTIONS ALGÉBRIQUES

114. Définitions. — On appelle **fraction** algébrique le quotient indiqué de la division de deux expressions algébriques.

$$\text{Ex.:} \qquad \frac{5a^4b^3c^2d}{7a^3b^2c^3d^2}, \qquad \frac{x^2 - y^2}{x^2 + y^2}.$$

115. Le dividende s'appelle aussi le **numérateur**, et le diviseur le **dénominateur** de la fraction. Le numérateur et le dénominateur sont les deux **termes** de la fraction.

116. Les fractions algébriques jouissent de toutes les propriétés des fractions arithmétiques, ainsi qu'il est facile de le démontrer.

Bornons-nous à établir celle-ci, qui est une des plus importantes pour le calcul.

117. THÉORÈME. — *On peut, sans changer la valeur d'une fraction, multiplier ou diviser ses deux termes par une même quantité.*

Soit la fraction $\dfrac{a}{b}$, qui représente le quotient de a par b. Désignons, pour un instant, par q la valeur de ce quotient ; on a :

$$\frac{a}{b} = q,$$

d'où :

$$a = bq.$$

Multiplions par m les deux membres ; on aura aussi :

$$ma = mbq,$$

d'où :

$$\frac{ma}{mb} = q = \frac{a}{b},$$

C. Q. F. D.

Cette même égalité montre aussi qu'on peut diviser par une même quantité m les deux termes d'une fraction, puisque la fraction $\dfrac{ma}{mb}$ peut être remplacée par la fraction égale $\dfrac{a}{b}$.

118. Simplification des fractions. — Comme conséquence, *pour simplifier une fraction, il suffit de diviser ses deux termes par un facteur commun, lorsqu'il y en a.*

Ex. :

$$\frac{5a^4b^3c^2d}{7a^3b^2c^3d^2} = \frac{5ab}{7cd} ;$$

$$\frac{x^2 - 2ax + a^2}{x^2 - a^2} = \frac{(x-a)^2}{(x+a)(x-a)} = \frac{x-a}{x+a}.$$

119. Réduction au même dénominateur. — *Pour réduire plusieurs fractions algébriques au même dénominateur, il suffit de multiplier les deux termes de chacune par le produit des dénominateurs de toutes les autres.*

Par exemple, pour réduire au même dénominateur les fractions :

$$\frac{a}{a'}, \qquad \frac{b}{b'}, \qquad \frac{c}{c'},$$

on les écrira sous la forme :

$$\frac{ab'c'}{a'b'c'}, \qquad \frac{bc'a'}{a'b'c'}, \qquad \frac{ca'b'}{a'b'c'}.$$

120. Remarque. — Quand on peut trouver une expression divisible à la fois par tous les dénominateurs, on peut la prendre comme dénominateur commun.

Pour cela, on procède comme en arithmétique : *on divise l'expression considérée par chacun des dénominateurs, puis on multiplie les deux termes de chaque fraction par le quotient correspondant.*

Par exemple, étant données les fractions :

$$\frac{x-1}{x+1}, \qquad \frac{x^2+1}{(x-1)(2x+1)}, \qquad \frac{3x}{x^2-1},$$

l'expression $(x^2-1)(2x+1)$ est divisible par les trois dénominateurs. Les quotients respectifs sont :

$$(x-1)(2x+1) \,;\, (x+1) \,;\, (2x+1),$$

et les fractions données peuvent être écrites sous la forme :

$$\frac{(x-1)^2(2x+1)}{(x^2-1)(2x+1)}, \quad \frac{(x^2+1)(x+1)}{(x^2-1)(2x+1)}, \quad \frac{3x(2x+1)}{(x^2-1)(2x+1)}.$$

121. Addition et soustraction. — *Pour additionner plusieurs fractions algébriques supposées préalablement réduites au même dénominateur, on fait la somme des numérateurs et on la prend pour numérateur d'une fraction ayant pour dénominateur le dénominateur commun.*

De même, la différence de deux fractions algébriques de même dénominateur est une fraction ayant pour numérateur la différence des numérateurs, et pour dénominateur le dénominateur commun.

Si les fractions données n'ont pas le même dénominateur, on les y réduit et on est ramené au cas précédent.

122. Multiplication. — *Le produit de plusieurs fractions algébriques est une fraction ayant pour numérateur le produit des numérateurs, et pour dénominateur, le produit des dénominateurs.*

C'est-à-dire que

$$\frac{a}{a'} \times \frac{b}{b'} \times \frac{c}{c'} = \frac{abc}{a'b'c'}.$$

123. Division. — *Pour diviser une fraction algébrique par une autre, on multiplie la fraction dividende par la fraction diviseur renversée.*

Ainsi

$$\frac{a}{b} : \frac{c}{d} = \frac{a}{b} \times \frac{d}{c} = \frac{ad}{bc}.$$

124. Puissances et racines. — *Pour élever une fraction algébrique à une certaine puissance, on élève à cette puissance chacun des termes de la fraction.*

$$\left(\frac{a}{b}\right)^n = \frac{a^n}{b^n}.$$

125. *Pour extraire la racine p^{ième} d'une fraction algébrique, on extrait la racine p^{ième} de chacun de ses termes.*

$$\sqrt[p]{\frac{x}{y}} = \frac{\sqrt[p]{x}}{\sqrt[p]{y}}.$$

126. THÉORÈME. — *Si plusieurs fractions algébriques sont égales, on forme une fraction algébrique équivalente à chacune d'elles en prenant pour numérateur la somme des numérateurs, et pour dénominateur la somme des dénominateurs.*

Soit :

$$\frac{a}{a'} = \frac{b}{b'} = \frac{c}{c'}$$

Désignons, pour un instant, par q la valeur commune de ces fractions. On a :

$$a = a'q, \qquad b = b'q, \qquad c = c'q,$$

d'où, en ajoutant ces trois égalités membre à membre :

$$a + b + c = a'q + b'q + c'q = (a' + b' + c')\,q.$$

On tire de là :

$$\frac{a + b + c}{a' + b' + c'} = q = \frac{a}{a'},$$

C. Q. F. D.

EXERCICES SUR LE CHAPITRE VI.

Effectuer les opérations indiquées ci-après

66. $\qquad \dfrac{4x}{5} + \dfrac{2x}{3} + \dfrac{x}{6},$

67. $\qquad \dfrac{2}{1 - x} + \dfrac{3}{1 - x}.$

68. $\qquad \dfrac{x}{y} + a.$

69. $\qquad \dfrac{x}{m} + \dfrac{y}{n}.$

70. $\qquad \dfrac{1}{a} + \dfrac{1}{b} + \dfrac{1}{c}.$

71. $\qquad \dfrac{x + y}{2} + \dfrac{x - y}{2}.$

72. $\dfrac{a + b + c}{3} + \dfrac{b + c + d}{3} + \dfrac{a + b + d}{3} + \dfrac{a + c + d}{3}.$

73. $\dfrac{3a + b + x}{5a} - \dfrac{2a + b}{3b} + \dfrac{7a - 2b}{9a}.$

74. $\dfrac{3x}{x - 1} + \dfrac{4x}{x + 1} + \dfrac{7x}{2x + 1}.$

75. $\dfrac{5a}{a^2 - 1} + \dfrac{4a}{(a - 1)(2a + 1)} + \dfrac{6}{a + 1}.$

76. $\dfrac{1}{x} - \dfrac{1}{x + 1}.$

77. $\dfrac{1}{x - 1} + \dfrac{1}{x} + \dfrac{1}{x + 1}.$

78. $\dfrac{ab}{a^2 - b^2} + \dfrac{a - b}{a + b} + \dfrac{a^2 - 3ab + b^2}{a^2 - b^2}.$

Effectuer les soustractions suivantes :

79. $\dfrac{5a}{7b} - \dfrac{8a}{5b},$

80. $\dfrac{8}{x - 1} - \dfrac{3}{x + 1}.$

Calculer :

81. $\dfrac{x + y}{x - y} + \dfrac{y + z}{y - z} - \dfrac{z + x}{z - x},$

82. $\dfrac{2x}{x - 3} - \dfrac{x}{x + 3} + 3.$

Simplifier :

83. $\dfrac{24a^3 b^2 c}{8a^2 b},$

84. $\dfrac{160a^3 b^2 c x^3}{240a^2 b^4 x}.$

Simplifier

85. $\dfrac{a^2 - b^2}{a + b},$

86,
$$\frac{5(a^2 - b^2)}{a - b}.$$

Simplifier les fractions :

87
$$\frac{3(a^2 + 2ab + b^2)}{5(a + b)},$$

88.
$$\frac{a^2 - 2ab + b^2}{8(a - b)}.$$

89.
$$\frac{x^3 + 3x^2y + 3xy^2 + y^3}{x^2 + 2xy + y^2},$$

90.
$$\frac{x^3 - 3x^2y + 3xy^2 - y^3}{x^2 - y^2}.$$

Simplifier les expressions suivantes (après avoir effectué s'il y a lieu, les calculs indiqués) :

91.
$$\frac{ax + x^2}{3bx - cx^2}.$$

92.
$$\frac{14x^2 - 7ax}{10bx - 5ab}.$$

93.
$$\frac{x^3 - 2x^2}{x^2 - 4x + 4}.$$

94.
$$\frac{21a^3b^2c - 9ab^3c^2}{15a^2b^2c + 3a^5b^4c^2 - 12ab^2c}.$$

95.
$$\frac{\dfrac{x}{x + a} + \dfrac{a}{x - a}}{\dfrac{x}{x - a} - \dfrac{a}{x + a}}.$$

96.
$$\frac{1}{x(x + 1)} + \frac{1}{(x + 1)(x + 2)}.$$

97. $\dfrac{1}{x(x+1)} + \dfrac{1}{(x+1)(x+2)} + \dfrac{1}{(x+2)(x+3)}$.

98. $\left(1 - \dfrac{c}{b-a}\right)\left(1 - \dfrac{a}{b}\right)$.

99. $\dfrac{-x + \dfrac{x+y}{1-xy}}{1 + x\,\dfrac{x+y}{1-xy}}$.

100. $\dfrac{a^2 b^2 + b^2 c^2 - b^4 - a^2 c^2}{a^2 b + a^2 c - abc - ab^2}$,

101. $\dfrac{ab(x^2 + y^2) + xy(a^2 + b^2)}{ab(x^2 - y^2) + xy(a^2 - b^2)}$

102. Etant donnée la fraction $\dfrac{a}{b}$, on ajoute le même nombre m à ses deux termes. Quelle est l'augmentation (algébrique) [1] qui en résulte pour la fraction ?

a, b, m étant supposés positifs, dans quel cas y a-t-il augmentation, au sens arithmétique du mot ?

103. Étant donnée la fraction $\dfrac{a}{b}$, on ajoute le nombre m à son numérateur et le nombre p au dénominateur. Quelle est l'augmentation (algébrique) qui en résulte pour la fraction ? — a, b, m, p, étant supposés positifs, dans quel cas la valeur de la fraction ne change-t-elle pas ?

104. Que devient l'expression $x + \dfrac{1}{x}$, quand on y remplace

x par $\dfrac{1}{x}$?

[1] On doit appeler ainsi, conformément aux principes exposés dans ce cours, l'excès *de la valeur nouvelle sur la valeur ancienne*.

105. a, b, c, d, étant des nombres positifs, on considère les expressions :

$$a, \quad a + \frac{1}{b}, \quad a + \frac{1}{b + \dfrac{1}{c}}, \quad a + \frac{1}{b + \dfrac{1}{c + \dfrac{1}{d}}}, \quad a + \frac{1}{b + \dfrac{1}{c + \dfrac{1}{d + \dfrac{1}{e}}}}.$$

Mettre ces différentes expressions sous forme de fractions proprement dites (c'est-à-dire à deux termes). Vérifier que chacune d'elles, à partir de la troisième, a une valeur intermédiaire entre celles des deux précédentes, en donnant aux lettres les valeurs numériques suivantes :

$$a = 1, \ b = 2, \ c = 3, \ d = 4, \ e = 5.$$

CHAPITRE VII

ÉQUATION DU PREMIER DEGRÉ A UNE INCONNUE

127. On distingue deux grandes classes d'égalités : les *identités* et les *équations*.

128. Les *identités* sont les égalités numériques, telles que :

$$3 = 3,$$
$$0 = 0,$$

et, d'une manière générale, les égalités algébriques qui sont vraies pour toutes les valeurs numériques attribuées aux lettres qui y entrent, comme :

$$(a + b)^2 = a^2 + 2ab + b^2,$$
$$a^3 - b^3 = (a - b)(a^2 + ab + b^2), \text{ etc.}$$

En d'autres termes, les identités sont des égalités dont les deux membres sont des expressions *équivalentes*, au sens donné précédemment à ce mot (33).

129. On appelle équation toute égalité qui ne possède pas la propriété précédente. Une équation est donc une égalité qui n'est vraie que pour des valeurs particulières attribuées à certaines lettres qui y entrent, et qu'on appelle les **inconnues**.

Par exemple, l'égalité :

$$8x - 5 = 19$$

est une équation, car les deux membres ne sont égaux que pour la valeur particulière 3 attribuée à l'inconnue x.

De même l'équation :

$$x^2 - 5x + 6 = 0$$

ne se transforme en identité que si l'on remplace x, soit par **2**, soit par **3**.

L'équation :

$$x^2 + 1 = 0$$

ne peut être vérifiée pour aucune valeur attribuée à x. Elle doit tout de même être considérée comme une équation, puisque ce n'est pas une identité.

130. On appelle **racines** ou **solutions** d'une équation les nombres (ou le nombre) qui, mis à la place des inconnues (ou de l'inconnue), transforment cette équation en identité : on dit que ces solutions *satisfont* à l'équation.

131. Résoudre une équation, c'est en déterminer les racines.

132. On dit que deux équations sont **équivalentes**, quand elles admettent les mêmes racines.

133. Il est clair que, lorsqu'on n'a en vue que la résolution d'une équation, on a toujours le droit de remplacer cette équation par une équation équivalente.

134. On appelle **système d'équations simultanées** un ensemble d'équations qui doivent être satisfaites en même temps, c'est-à-dire pour les mêmes systèmes de valeurs attribuées aux inconnues qu'elles renferment : ces systèmes de valeurs sont appelés les solutions du système d'équations considéré.

135. Résoudre un système d'équations, c'est en déterminer les solutions.

136. On dit que deux **systèmes d'équations** sont **équivalents** quand ils admettent les mêmes solutions.

137. Il est clair que, lorsqu'on n'a en vue que la résolution d'un système, on a toujours le droit de remplacer ce système par un système équivalent.

138. Une équation est dite **algébrique** lorsque ses deux membres sont des expressions algébriques. Elle est **transcendante** dans le cas contraire. Par exemple

$$2^x = 11 - x$$

est une équation transcendante.

139. Une équation est dite **numérique** quand toutes les quantités connues qui y entrent sont des nombres. Elle est **littérale** si quelques-unes d'entre elles sont représentées par des lettres. Ainsi :

$$ax^2 + bx + c = 0,$$

où l'on considère x comme l'inconnue, est une équation littérale, parce qu'elle renferme, outre la lettre x, les lettres a, b, c qui sont censées représenter des quantités connues.

140. Une équation algébrique est dite **rationnelle** quand elle ne contient aucune inconnue engagée sous un radical. Elle est **irrationnelle** dans le cas contraire.

141. Une équation algébrique rationnelle est dite **entière** lorsqu'elle ne renferme aucune inconnue en dénominateur.

142. On appelle **degré** d'une équation rationnelle et entière la somme des exposants des inconnues dans le terme où cette somme est la plus grande. Ainsi :

$$8x - 5 = 19$$

est du premier degré.

$$5x^2 - 8x + 7 = 205$$

est du second degré.

$$2x + 3xy - 15 = 8y - 10x + 409$$

est une équation du second degré à deux inconnues ; mais elle n'est que du premier degré par rapport à chaque inconnue considérée isolément.

PRINCIPES RELATIFS A LA TRANSFORMATION D'UNE ÉQUATION EN UNE AUTRE ÉQUIVALENTE

143. THÉORÈME I. — *Si aux deux membres d'une équation on ajoute une même quantité, on forme une nouvelle équation équivalente à la première.*

La quantité qu'on ajoute peut renfermer l'inconnue (ou les inconnues).

Soit l'équation :

$$(1) \qquad 5x + 14 = 35 - 2x$$

satisfaite pour $x = 3$.

Si nous ajoutons à ses deux membres la même quantité, $4x - 7$, nous avons une autre équation :

$$(2) \quad 5x + 14 + 4x - 7 = 35 - 2x + 4x - 7.$$

Je dis qu'elle est équivalente à la première.

En effet, si dans l'équation (1) nous remplaçons x par 3, les deux membres deviennent égaux :

$$29 = 29.$$

Si à ces deux nombres égaux nous ajoutons la valeur numérique de $4x - 7$ pour $x = 3$, c'est-à-dire 5, nous obtiendrons encore des nombres égaux :

$$29 + 5 = 29 + 5.$$

Mais ces nombres égaux ne sont autre chose que les

valeurs numériques des deux membres de l'équation (2) pour $x = 3$. Donc l'équation (2) est satisfaite pour $x = 3$.

Réciproquement, la valeur $x = 3$ satisfaisant à l'équation (2), si nous y remplaçons x par 3, les deux membres de cette équation deviennent des nombres égaux :

$$34 = 34.$$

Si de ces deux nombres égaux nous retranchons 5, c'est-à-dire la valeur numérique de $4x - 7$ pour $x = 3$, nous obtiendrons encore deux nombres égaux :

$$34 - 5 = 34 - 5.$$

Mais ces nombres égaux ne sont autre chose que les valeurs numériques des deux membres de l'équation (1) pour $x = 3$. Donc l'équation (1) est satisfaite pour $x = 3$.

En résumé, toute racine de la première équation est aussi racine de la seconde, et toute racine de la seconde est aussi racine de la première. Les deux équations ont donc identiquement les mêmes racines : elles sont équivalentes (132).

144. On peut également retrancher une même quantité aux deux membres, puisque cela revient à ajouter la quantité égale et de signe contraire.

145. COROLLAIRE. — *On peut faire passer un terme d'une équation d'un membre dans l'autre en changeant son signe.*

Soit l'équation :

$$5x + 14 = 35 - 2x.$$

Pour faire passer le terme $+ 14$ dans le second membre, retranchons 14 aux deux membres ; nous avons l'équation équivalente :

$$5x + 14 - 14 = 35 - 2x - 14,$$

ou, en supprimant dans le premier membre les termes $+14$ et -14 qui se détruisent :

$$5x = 35 - 2x - 14.$$

Pour faire passer le terme $-2x$ du second membre dans le premier, il suffit de même d'ajouter $2x$ de part et d'autre et l'on a :

$$5x + 2x = 35 - 2x - 14 + 2x,$$

ou, en supprimant dans le second membre $-2x$ et $+2x$ qui se détruisent :

$$5x + 2x = 35 - 14,$$

ou, après simplification :

$$7x = 21.$$

146. Applications. — 1° On peut donc toujours, par exemple, réunir dans un membre de l'équation les termes contenant l'inconnue et dans l'autre les termes connus.

147. 2° On peut, de même, faire passer tous les termes dans un membre : l'autre membre se réduit alors à zéro.

148. 3° On peut changer les signes de tous les termes d'une équation : car cela revient à faire passer tous les termes du premier membre dans le second et tous les termes du second dans le premier.

Soit par exemple l'équation :

$$5x - x^2 = 6.$$

En transposant les termes d'un membre à l'autre, elle devient :

$$-6 = -5x + x^2,$$

où, ce qui revient au même :

$$-5x + x^2 = -6.$$

(Comme exemple de l'utilité du changement des signes, voir l'application n° 158.)

149. THÉORÈME II. — *Si on multiplie les deux membres d'une équation par une quantité qui n'est pas nulle et qui ne contient pas l'inconnue, on forme une nouvelle équation équivalente à la première. — On peut de même diviser les deux membres par une quantité remplissant les mêmes conditions.*

Soit l'équation :

(1) $$5x + 14 = 35 - 2x$$

satisfaite pour $x = 3$.

Si nous multiplions ses deux membres par un même nombre, 6 par exemple, nous obtenons la nouvelle équation :

(2) $$(5x + 14) \times 6 = (35 - 2x) \times 6.$$

Je dis qu'elle est équivalente à la première.

En effet, si dans l'équation (1) nous remplaçons x par 3, les deux membres de cette équation deviennent deux nombres égaux :

$$29 = 29.$$

Si nous multiplions ces deux nombres égaux par 6, nous obtenons des produits égaux :

$$29 \times 6 = 29 \times 6.$$

Mais ces produits égaux ne sont autre chose que les deux membres de l'équation (2) pour $x = 3$; donc 3, qui est racine de l'équation (1), est aussi racine de l'équation (2).

Réciproquement, la valeur $x = 3$ satisfaisant à l'équation (2), si nous y remplaçons x par 3, les deux membres deviennent des nombres égaux :

$$29 \times 6 = 29 \times 6.$$

Si l'on divise ces deux nombres par 6, on obtient deux quotients égaux ; mais ces quotients ne sont autre chose que les valeurs numériques des deux membres de l'équation (1) pour $x = 3$. Donc l'équation (1) est satisfaite comme l'équation (2) pour $x = 3$.

En résumé, toute racine de l'équation (1) satisfait à l'équation (2), et réciproquement : les deux équations sont donc équivalentes.

150. On peut de même diviser les deux membres par une quantité m remplissant les conditions indiquées : car cela revient à les multiplier l'un et l'autre par $\frac{1}{m}$.

151. **Remarques.** — 1° *Le multiplicateur ne doit pas être nul :* car si on multiplie par 0 les deux membres de l'équation donnée :

$$5x + 14 = 35 - 2x,$$

elle devient :

$$(5x + 14) \times 0 = (35 - 2x) \times 0,$$

c'est-à-dire se réduit à l'identité :

$$0 = 0.$$

(On dit encore : elle devient *identique*.) Elle est donc satisfaite pour toute valeur de x. Or la première, manifestement, ne l'est pas : donc la deuxième équation n'est pas équivalente à la première.

152. 2° *Le multiplicateur ne doit pas contenir l'inconnue.*

Soit, en effet, l'équation :

$$(1) \qquad 5x + 14 = 35 - 2x.$$

Si on multiplie les deux membres par une quantité contenant x, soit $x - 2$, par exemple, on forme une nouvelle équation :

$$(2) \quad (5x + 14)(x - 2) = (35 - 2x)(x - 2),$$

qui n'est pas équivalente à la première, car cette seconde équation est satisfaite pour $x = 2$, attendu que les deux membres se réduisent à 0 pour $x = 2$; tandis que le nombre 2 n'est pas racine de l'équation (1).

153. Comme on le voit, l'équation (2) admet des racines qui ne satisfont pas à la première. Il serait facile d'ailleurs d'établir qu'elle admet toutes les racines de la première. **Elle est, comme on dit, plus *générale* que la première.**

Toutes les fois qu'on aura été amené à multiplier les deux membres d'une équation par une quantité qui renferme l'inconnue, l'équation ainsi formée admettra en général toutes les racines de la première, et, en outre, elle pourra avoir des racines étrangères. Il sera donc nécessaire, en principe, de vérifier les racines obtenues en s'assurant qu'elles satisfont bien à l'équation initiale.

154. COROLLAIRE. — *On peut faire disparaître (on dit encore : chasser) les dénominateurs d'une équation. Il suffit, pour cela, de réduire tous les termes au même dénominateur et de multiplier ensuite les deux membres par le dénominateur commun.*

Soit, par exemple, l'équation :

$$(1) \qquad 2x - \frac{4}{5} + \frac{x}{4} = \frac{17x}{10} - x + \frac{58}{5}.$$

Le plus petit multiple des dénominateurs est **20**.

En réduisant au plus petit dénominateur commun tous les termes de l'équation donnée, elle s'écrit :

$$(2) \qquad \frac{40x}{20} - \frac{16}{20} + \frac{5x}{20} = \frac{34x}{20} - \frac{20x}{20} + \frac{232}{20}.$$

Si on multiplie ensuite les deux membres par **20**, les dénominateurs disparaissent et on a l'équation à coefficients entiers :

$$(3) \qquad 40x - 16 + 5x = 34x - 20x + 232,$$

qui est équivalente à l'équation (1).

155. Il est clair qu'on serait arrivé au même résultat en multipliant tout de suite par **20** tous les termes de l'équation (1), sans l'écrire d'abord sous la forme (2). C'est ce qu'on fait toujours dans la pratique : *on chasse les dénominateurs sans réduire préalablement au même dénominateur.* Pour cela, on procède comme si on voulait réduire tous les termes au même dénominateur; seulement, on n'écrit que les numérateurs des fractions obtenues.

Alors, le dénominateur commun étant 20, par exemple, un terme entier de l'équation, tel que $2x$, se trouve simplement multiplié par **20** ; quant aux termes fractionnaires, soit $\dfrac{17x}{10}$, on remarquera que, pour les multiplier par **20**, il suffit de multiplier leur numérateur **17x** par le quotient obtenu en divisant le dénominateur commun **20** par leur propre dénominateur.

RÉSOLUTION DE L'ÉQUATION DU PREMIER DEGRÉ
A UNE INCONNUE

156. Les principes qui précèdent suffisent pour résoudre l'équation du premier degré à une inconnue.

157. Exemple I. — *Résoudre l'équation :*

$$2x - \frac{4}{5} + \frac{x}{4} = \frac{7x}{10} - x + 24.$$

Je chasse les dénominateurs en multipliant tous les termes par 20 :

$$40x - 16 + 5x = 14x - 20x + 480.$$

Je fais passer tous les termes inconnus dans le premier membre et tous les termes connus dans le second :

$$40x + 5x - 14x + 20x = 480 + 16,$$

ou, en réduisant les termes semblables :

$$51x = 496.$$

Je divise les deux membres par 51, coefficient de x :

$$x = \frac{496}{51}.$$

Les différentes équations obtenues, y compris la dernière, sont équivalentes à l'équation proposée. Or la dernière admet visiblement pour racine $\frac{496}{51}$, et elle n'en admet pas d'autre : donc il en est de même de l'équation donnée ; cette équation est donc résolue.

158. Exemple II. — *Résoudre l'équation :*

$$\frac{x + 10}{2} + \frac{2(x + 20)}{3} + \frac{5(x - 34)}{6} = 3x - 15.$$

Le plus petit commun multiple des dénominateurs est 6. Multiplions tous les termes par 6 :

$$3x + 30 + 4x + 80 + 5x - 170 = 18x - 90.$$

Transposons les termes :

$$3x + 4x + 5x - 18x = - 90 - 30 - 80 + 170.$$

Réduisons les termes semblables :

$$- 6x = - 30.$$

Changeons tous les signes (ceci n'est pas indispensable) :

$$6x = 30,$$

d'où :

$$x = \frac{30}{6} = 5.$$

159. Exemple III. — *Résoudre l'équation :*

$$c - \frac{bx}{c} = a + \frac{dx}{a}.$$

C'est une équation littérale. Comme on va le voir, les principes qui précèdent s'appliquent de la même manière à la résolution des équations littérales.

Chassons les dénominateurs en multipliant tous les termes par ac :

$$ac^2 - abx = a^2c + cdx.$$

Cette équation devient alors, successivement :

$$abx + cdx = ac^2 - a^2c.$$

(J'ai fait passer les termes inconnus dans le second membre, au lieu du premier, puis écrit le second membre le premier.) Je mets x en facteur commun dans le premier membre :

$$x(ab + cd) = ac^2 - a^2c.$$

Je divise par **ab + cd** :

$$x = \frac{ac^2 - a^2c}{ab + cd}.$$

160. RÈGLE GÉNÉRALE. — *Pour résoudre une équation du premier degré à une inconnue, on chasse les dénominateurs ; on fait passer tous les termes qui contiennent l'inconnue dans un même membre et tous les termes connus dans l'autre, et on réduit les termes semblables ; enfin on divise les deux membres par le coefficient de l'inconnue.*

DISCUSSION DE L'ÉQUATION GÉNÉRALE : **ax = b**

Discuter une équation (ou un système d'équations) où figurent des *paramètres variables*, c'est-à-dire des quantités provisoirement indéterminées représentées par des lettres, c'est reconnaître, suivant les valeurs de ces paramètres, le nombre des solutions de l'équation (ou du système).

Nous avons à discuter ici l'équation :

$$ax = b.$$

Si **a** est $\neq$ **o**, cette équation équivaut (149) à :

$$x = \frac{b}{a},$$

laquelle est évidemment satisfaite si l'on remplace **x** par $\frac{b}{a}$ et dans ce cas seulement. Donc, si **a** $\neq$ **o**, *l'équation admet une solution unique.*

Supposons maintenant $a = 0$. L'équation se réduit à :

$$0 \times x = b, \qquad \text{c'est-à-dire :} \qquad 0 = b.$$

Elle ne contient plus l'inconnue. Si b est différent de 0, elle exprime une égalité absurde, donc *l'équation est impossible*.

Mais si, a étant nul, b est nul également, l'équation se réduit à :

$$0 = 0,$$

c'est-à-dire à une identité (128). Alors *l'équation est indéterminée*, c'est-à-dire qu'elle est satisfaite pour toutes les valeurs de x.

Tableau de la discussion

$$a \neq 0. \qquad \text{Solution unique : } x \frac{b}{a};$$

$$a = 0 \left\{ \begin{array}{l} b \neq 0 \quad \text{impossibilité ;} \\ b = 0 \quad \text{indétermination.} \end{array} \right.$$

EXEMPLE. *Discuter l'équation :*

$$(m^2 - 1)\, x = m^2 - m - 2.$$

où *m représente un paramètre variable.*

Si $m^2 - 1$ ou $(m - 1)(m + 1)$ n'est pas nul, c'est-à-dire si m n'est égal ni à $+ 1$, ni à $- 1$, l'équation a une solution unique : $x = \dfrac{m^2 - m - 2}{m^2 - 1}$, ce qui peut s'écrire encore : $x = \dfrac{(m + 1)(m - 2)}{(m - 1)(m + 1)}$, ou en divisant les deux termes par $(m + 1)$ qui n'est pas nul : $x = \dfrac{m - 2}{m - 1}$

Si $m = + 1$, l'équation s'écrit : $0 = - 2$. Impossibilité.

Si $m = - 1$, elle devient : $0 = 0$. Indétermination.

RÉSOLUTION DES INÉGALITÉS DU PREMIER DEGRÉ

Pour résoudre une inégalité du premier degré à une inconnue, c'est-à-dire pour trouver la limite des valeurs qu'on peut attribuer à cette inconnue, on procède absolument comme pour une équation, sauf que, si l'on est amené à multiplier ou à diviser tous les termes de l'inégalité par un nombre *négatif*, il faut en même temps (47), *changer le sens* de l'inégalité :

En particulier, on peut changer le signe de tous les termes (ce qui revient à les multiplier tous par le facteur — 1), à condition de changer le sens de l'inégalité

Exemple. *Résoudre l'inégalité :*

$$\frac{5x}{2} - \frac{7x}{8} + \frac{4x - 13}{5} < 14 + \frac{8x - 5}{20} - \frac{11x - 3}{15}.$$

Le plus petit commun multiple de tous les dénominateurs est 120. Je chasse les dénominateurs, ce qui revient à multiplier tous les termes par 120 :

$$300x - 105x + 96x - 312 < 1680 + 48x - 30 - 88x + 24$$

Je fais passer dans le 1er membre les termes qui contiennent x, dans le second les termes numériques :

$$300x + 96x - 48x + 88x < 1680 - 30 + 24 + 312$$

où :

$$436x < 1986$$

ou enfin, en divisant les deux nombres par le coefficient de x, c'est-à-dire par 436, puis réduisant à sa plus simple expression la fraction qui se trouve au second nombre :

$$x < \frac{993}{218}.$$

Donc, pour satisfaire à l'inégalité, il faut et il suffit que la valeur de x soit inférieure au nombre $\frac{993}{218}$. On voit ainsi qu'une inégalité du 1er degré admet généralement *une infinité de solutions*.

EXERCICES SUR LE CHAPITRE VII

Résoudre les équations à une inconnue :

106. $$42 - 6x = 62 - 16x.$$

107. $$\frac{3x - 2}{6} = \frac{x}{2} + \frac{5}{3}.$$

108. $$\frac{x - 1}{2} + \frac{x - 2}{3} = \frac{x - 3}{4}.$$

109. $$13x + 28 = 17(x + 2) - 22.$$

110. $$10 - \frac{2x}{3} + \frac{1}{4} = 4x - \frac{5x}{4}.$$

111. $$\frac{x + 1}{2} + \frac{x + 2}{3} = 16 - \frac{x + 3}{4}.$$

112. $$6x - \frac{8 - 3x}{3} + 5 = \frac{4(x + 3)}{6} + \frac{43}{3}.$$

113. $$\frac{7}{2}(x + 8) + \frac{31}{6}x = 80.$$

114. $$\frac{2x-3}{4}+\frac{3x-7}{8}=1.$$

115. $$13\frac{3}{4}-\frac{x}{2}=2x-8\frac{3}{4}.$$

116. $$2x+7+\frac{3}{2}x=6x-23.$$

117. $$\frac{3x}{5}+\frac{2x}{3}-\frac{5x}{6}=\frac{3x}{4}-19.$$

118. $$\frac{5}{6}x-\frac{118}{12}=\frac{2x}{3}+\frac{1}{6}.$$

119. $$\frac{21+x}{7}-\frac{354+x}{113}=\frac{x}{791}$$

120. $$\frac{x^2-x+1}{x+1}+\frac{x^2+x+1}{x+1}=2x.$$

121. $$\frac{4x+7}{2x-5}=\frac{18x+1}{9x-2}.$$

122. $$\frac{x}{a}+\frac{x}{b}-\frac{x}{c}=1.$$

123. $$\frac{a}{x}+\frac{b}{x}-\frac{c}{x}=m.$$

124. $$\frac{x}{m}-\frac{a}{n}=\frac{b}{m}-\frac{x}{n}.$$

125. $$\frac{1+\dfrac{1}{x}}{1-\dfrac{1}{x}}=\frac{x-a}{x+b}.$$

126. $$\frac{a}{b}\left(1-\frac{a}{x}\right)+\frac{b}{a}\left(1-\frac{b}{x}\right)=1.$$

127. $$\frac{x}{bc}+\frac{x}{ca}+\frac{x}{ab}-1=abc-(a+b+c)\,x.$$

128.
$$\frac{a+2x}{a+b} + \frac{2x-a}{a-b} = \frac{3bx}{a^2-b^2}.$$

129.
$$\frac{\dfrac{x+a}{a+b} + \dfrac{x-a}{a-b}}{3a-2b} = \frac{\dfrac{x+b}{a+b} - \dfrac{x-b}{a-b}}{2a-3b}.$$

130.
$$\frac{x^2+2}{x-1} - x - 4 = 3.$$

131.
$$\frac{\sqrt{3+x} + \sqrt{3-x}}{\sqrt{3+x} - \sqrt{3-x}} = 2.$$

Vérifier la solution trouvée.

132. Discuter l'équation :

$$(k^2 - 1)\,x = k^2 - k,$$

où k représente un paramètre variable.

133. Résoudre l'inégalité :

$$\frac{3}{4}x + \frac{7}{3} - \frac{x}{2} > \frac{8}{5} - \frac{x}{3} + \frac{613}{20}.$$

134. Trouver entre quelles limites doit être compris x pour que les deux inégalités :

$$\frac{7}{3} + 2x < 8 - \frac{x}{4},$$

$$\frac{4}{5} - 6x < \frac{1}{3} - \frac{x}{5},$$

soient vérifiées simultanément.

135. Etant donné le polynôme :

$$x^4 + 5x^3 + 4x^2 + 2x + 3,$$

où l'on suppose qu'on ne donne à x que des valeurs positives, comment faut-il prendre x pour que chaque terme soit plus petit que la millième partie du terme suivant ?

Comment faut-il prendre x pour que chaque terme soit plus petit que la millième partie du terme précédent ?

CHAPITRE VIII

SYSTÈMES D'ÉQUATIONS DU PREMIER DEGRÉ

161. *Une équation unique, à plusieurs inconnues admet une infinité de solutions.*

Soit l'équation :

$$2x - 5y = 34.$$

On peut la mettre sous la forme équivalente :

$$x = \frac{5y + 34}{2}.$$

Si l'on attribue à **y** une valeur arbitraire, l'équation fournit manifestement pour **x** une valeur déterminée. Attribuons, par exemple, à **y** successivement les valeurs :

$$1, 2, 3, 4, 5, \ldots$$

x prend les valeurs correspondantes :

$$19\frac{1}{2}, 22, 24\frac{1}{2}, 27, 29\frac{1}{2}, \ldots$$

162. De même, si une équation renferme trois inconnues, on peut attribuer à deux d'entre elles des valeurs arbitraires et la troisième a alors une valeur déterminée.

Mais, quand on associe **n** équations du premier degré à **n** inconnues, qui doivent être satisfaites en même temps, la question est alors déterminée, et il n'y a plus, au moins en général (175 et suiv.), qu'un système de valeurs des inconnues qui leur satisfassent à la fois.

163. Les théorèmes qui vont suivre ont pour objet la transformation d'un système de plusieurs équations en vue de sa résolution.

MÉTHODE DE SUBSTITUTION

164. THÉORÈME. — *Étant donné un système d'équations simultanées du premier degré, si on résout l'une des équations par rapport à l'une des inconnues, x par exemple, comme si les autres étaient connues, et qu'on substitue à x l'expression ainsi obtenue dans toutes les autres équations du système, on forme un nouveau système équivalent au premier.*

Considérons, par exemple, le système de deux équations à deux inconnues :

$$(1) \qquad \left\{ \begin{array}{l} 5x - 2y = 11, \\ 3x + 4y = 17. \end{array} \right.$$

D'abord, si dans la première nous transposons le terme 2y, puis que nous divisions les deux membres par 5, nous formons une équation équivalente à la proposée (145, 150), et on a, par conséquent, un nouveau système :

$$(2) \qquad \left\{ \begin{array}{l} x = \dfrac{2y + 11}{5}, \\ 3x + 4y = 17, \end{array} \right.$$

équivalent au système (1).

Ceci posé, substituons dans la seconde équation, à la place de x, l'expression $\dfrac{2y + 11}{5}$, c'est-à-dire la valeur de x en fonction de y fournie par la première. Nous obtiendrons le système :

$$(3) \quad \begin{cases} x = \dfrac{2y + 11}{5}, \\[2mm] 3 \cdot \dfrac{2y + 11}{5} + 4y = 17. \end{cases}$$

Je dis qu'il est équivalent au système (2), et par suite au système (1).

En effet, soit $x = 3$, $y = 2$ une solution du système (2) ; cela veut dire qu'on a les égalités numériques :

$$3 = \frac{2 \cdot 2 + 11}{5},$$
$$3 \cdot 3 + 4 \cdot 2 = 17.$$

La seconde de ces égalités reste vraie si on y remplace le deuxième facteur du premier terme, 3, par la quantité $\dfrac{2 \cdot 2 + 11}{5}$, qui lui est égale en vertu de la première. On a donc les deux égalités numériques :

$$3 = \frac{2 \cdot 2 + 11}{5},$$
$$3 \frac{2 \cdot 2 + 11}{5} + 4 \cdot 2 = 17,$$

et ces égalités indiquent que la solution $x = 3$, $y = 2$ satisfait au système (3). Donc toute solution du système (2) satisfait au système (3).

Réciproquement, on démontrerait, absolument de la même manière, que toute solution du système (3) appartient au système (2). L'équivalence des systèmes (2) et (3) et par conséquent des systèmes (1) et (3) est donc démontrée.

Nous avons pris, comme exemple, un système de deux équations, pour abréger l'écriture. Mais le raisonnement est évidemment applicable à un système d'équations simultanées en nombre quelconque.

165. Définition. — Éliminer une inconnue entre plusieurs équations, c'est former un nouveau système d'équations équivalent au premier, et dans lequel cette inconnue ne figure plus que dans une seule équation.

Le théorème précédent fournit un premier procédé d'élimination. C'est l'élimination **par substitution**.

RÉSOLUTION D'UN SYSTÈME
DE DEUX ÉQUATIONS A DEUX INCONNUES

166. Reprenons le système :

$$5x - 2y = 11,$$
$$3x + 4y = 17$$

déjà considéré. Nous l'avons mis sous la forme équivalente (**164**) :

$$\left\{ \begin{array}{l} x = \dfrac{2y + 11}{5}, \\[2mm] 3\,\dfrac{2y + 11}{5} + 4y = 17. \end{array} \right.$$

Or, la deuxième équation est une équation du premier degré à une inconnue, que l'on sait résoudre. Cette équation s'écrit, successivement :

$$6y + 33 + 20y = 85$$
$$6y + 20y = 85 - 33$$
$$26y = 52$$
$$y = \frac{52}{26} = 2.$$

Par application du même théorème, remplaçons **y** par sa valeur 2 dans la première équation, elle nous donne :

$$x = \frac{2 \cdot 2 + 11}{5} = 3.$$

Le système proposé admet donc la solution :

$$x = 3, \quad y = 2,$$

et il n'en admet pas d'autre.

167. RÈGLE. — *Pour résoudre un système de deux équations du premier degré à deux inconnues, on tire de l'une des équations la valeur de l'une des inconnues, comme si l'autre était connue ; on transporte l'expression ainsi obtenue, à la place de l'inconnue considérée, dans l'autre équation, ce qui fournit une équation du premier degré à une inconnue. On résout cette équation ; puis, portant la valeur trouvée pour la seconde inconnue dans l'équation précédente, on en tire la valeur de la première inconnue.*

MÉTHODE DE RÉDUCTION

Cette méthode repose sur le théorème suivant ([1]) :

168. THÉORÈME. — *Étant donné un système d'équations simultanées, si on remplace l'une quelconque d'entre elles par l'équation obtenue en ajoutant membre à membre toutes les équations du système, on forme un nouveau système équivalent au premier.*

([1]) Ce théorème, de même qu'un certain nombre de considérations développées à propos des équations du premier degré, s'applique à des systèmes de degré quelconque.

Soit, par exemple, le système de trois équations :

$$(1) \qquad \begin{cases} A = A', \\ B = B', \\ C = C', \end{cases}$$

où je représente, pour abréger, par une lettre unique chacun des membres des différentes équations. Je dis qu'il est équivalent, par exemple, au système :

$$(2) \qquad \begin{cases} A + B + C = A' + B' + C', \\ B = B', \\ C = C'. \end{cases}$$

En effet, si, pour certaines valeurs attribuées aux inconnues, A et A' prennent la même valeur, de même que B et B', C et C', il est clair que la valeur de $A + B + C$ sera égale à celle de $A' + B' + C'$: autrement dit, toute solution du système (1) est aussi solution du système (2).

Réciproquement, si, pour certaines valeurs attribuées aux inconnues, B et B' prennent la même valeur, ainsi que C et C', et que, d'autre part, la valeur de $A + B + C$ soit égale à celle de $A' + B' + C'$, il en résultera que A et A' sont égaux : autrement dit, toute solution du système (2) appartient au système (1). Les deux systèmes sont donc équivalents.

169. Généralisation. — *Plus généralement, on peut, avant d'additionner membre à membre les différentes équations du système, multiplier les deux membres de chacune d'elles par un facteur numérique arbitraire : l'équation obtenue peut encore remplacer une des équations du système, pourvu que le multiplicateur correspondant à l'équation remplacée soit différent de zéro.*

4

En d'autres termes, le système :

$$(1) \quad \begin{cases} A = A', \\ B = B', \\ C = C' \end{cases}$$

peut être remplacé par le système :

$$(2) \quad \begin{cases} mA + nB + pC = mA' + nB' + pC', \\ B = B', \\ C = C', \end{cases}$$

où m, n, p sont des nombres positifs ou négatifs arbitrairement choisis, *sous la seule condition que* m *soit différent de zéro*. La proposition ainsi élargie se démontre par un raisonnement analogue à celui qui a été présenté plus haut.

170. Application. — Prenons le système

$$4x + 5y = 40,$$
$$3x - 2y = 7.$$

Pour éliminer y, par exemple, entre ces deux équations, multiplions les deux membres de la seconde par 5, coefficient de y dans la première, et les deux membres de la première par 2, coefficient de y dans la seconde, changé de signe : y aura alors, dans les deux équations ainsi obtenues, des coefficients égaux et de signes contraires :

$$8x + 10y = 80,$$
$$15x - 10y = 35.$$

(Dans la pratique, on n'écrit pas ce système intermédiaire.)

En additionnant membre à membre ces deux équations, on a l'équation nouvelle :

$$23x = 115,$$

qui ne renferme plus y, et qui, d'après le théorème précédent, peut remplacer l'une quelconque des deux équations primitives (puisque aucun des multiplicateurs employés n'est nul); y se trouve éliminé : l'équation précédente fournit la valeur de x :

$$x = \frac{115}{23} = 5,$$

et, en la portant dans l'une des équations primitives, la seconde par exemple, on obtient l'équation en y :

$$15 - 2y = 7,$$

qui fournit la valeur de y :

$$y = \frac{15 - 7}{2} = 4.$$

171. Remarque I. — Quand les coefficients de l'inconnue qu'on veut éliminer sont des nombres entiers ayant un diviseur commun, on peut employer des multiplicateurs plus simples que ceux qui résulteraient de l'application du procédé qu'on vient d'indiquer. Soit par exemple le système :

$$12x - 7y = 3,$$
$$15x + 4y = 42,$$

où les coefficients de x ont pour plus petit commun multiple le nombre 60, qui est moindre que leur produit. En multipliant les deux membres de la première équation par — 5 et de la seconde par 4, ces deux coefficients deviennent égaux et de signes contraires, et, en additionnant les deux équations ainsi modifiées, on a l'équation :

$$51y = 153,$$

qui donne : $y = 3$. En portant dans l'une des équations primitives, on en tire la valeur de x : $x = 2$.

172. Remarque II. — La méthode précédente peut évidemment être utilisée pour éliminer une inconnue entre deux équations renfermant plus de deux inconnues.

173. Elimination par comparaison. — Ce procédé consiste à égaler entre elles les expressions d'une même inconnue tirées de chacune des équations données. Soit par exemple le système :

$$4x + 7y = 41,$$
$$5x - 6y = 7.$$

Tirons de chacune de ces équations la valeur de y comme si x était connue, et égalons les expressions ainsi obtenues. Nous aurons l'équation :

$$\frac{41 - 4x}{7} = \frac{5x - 7}{6},$$

qui nous donnera la valeur de $x : x = 5$. En portant dans une des équations primitives, on aura la valeur de $y : y = 3$.

Il n'est pas besoin de justifier ce procédé, qui n'est pas nouveau, car il dérive immédiatement de la méthode de substitution.

RÉSOLUTION D'UN SYSTÈME DE TROIS ÉQUATIONS DU PREMIER DEGRÉ A TROIS INCONNUES

174. Les procédés employés pour résoudre un système d'équations du premier degré, en nombre quelconque, ne sont que la généralisation des procédés qui nous ont servi pour un système de deux équations à deux inconnues. Considérons, par exemple, le système :

$$(1) \quad \begin{cases} 8x - 3y + 3z = 10, \\ 3x - y + 3z = 6, \\ 5x + 6y - 8z = 20. \end{cases}$$

Tirons de la seconde équation la valeur de y :

$$(2) \qquad y = 3x + 3z - 6,$$

en fonction des deux autres inconnues x, z, et substituons dans les deux autres équations ; elles deviennent, après simplification :

$$(3) \qquad \left\{ \begin{aligned} x + 6z &= 8. \\ 23x + 10z &= 56. \end{aligned} \right.$$

Le système (1) est équivalent (164) au système formé par les équations (2) et (3).

La première des équations (3) donne :

$$(4) \qquad x = 8 - 6z,$$

et, en portant dans la seconde, on a l'équation en z :

$$(5) \qquad 23(8 - 6z) + 10z = 56.$$

Les trois équations (2), (4), (5) forment un système équivalent au système (1).

L'équation (5) s'écrit successivement :

$$23(4 - 3z) + 5z = 28,$$
$$64z = 64,$$
$$z = 1.$$

Portant cette valeur de z dans l'équation (4), on a la valeur de x :

$$x = 8 - 6 = 2.$$

Enfin, portant les valeurs de x et de z dans l'équation (2), on a la valeur de y :

$$y = 6 + 3 - 6 = 3.$$

Le système proposé admet donc pour solution :

$$x = 2,$$
$$y = 3,$$
$$z = 1.$$

175. RÈGLE. — Généralisation. — *Pour résoudre un système de n équations du premier degré à n inconnues, on élimine (soit par substitution, soit par réduction) une des inconnues entre l'une des équations données et chacune des autres équations du système. On obtient ainsi un nouveau système contenant une équation à n inconnues et (n — 1) équations à (n — 1) inconnues. On élimine ensuite une seconde inconnue entre l'une de ces (n — 1) équations et chacune des (n — 2) autres, ce qui donne un nouveau système de n équations contenant: une équation à n inconnues, une équation à (n — 1) inconnues, et (n — 2) équations à (n — 2) inconnues.*

En continuant de la même manière, on arrive finalement à un système équivalent au premier et dans lequel la dernière équation ne renferme qu'une inconnue; l'avant-dernière renferme deux inconnues, la précédente trois, etc…, et enfin la première n inconnues.

La dernière équation fournit la valeur de l'inconnue qu'elle renferme; en portant cette valeur dans l'avant-dernière équation et en résolvant, on obtient la valeur de l'avant-dernière inconnue. En remontant ainsi de proche en proche, on calcule successivement les valeurs de toutes les inconnues.

SYSTÈMES D'ÉQUATIONS DU PREMIER DEGRÉ EN GÉNÉRAL

Cas d'impossibilité et d'indétermination

176. Terminons par quelques généralités relatives aux solutions des systèmes d'équations du premier degré.

De ce qui précède il résulte qu'un système de n équations du premier degré à **n** inconnues admet, en général, une solution unique, puisque, d'après la règle donnée plus haut, la détermination des différentes inconnues se trouve ramenée à la résolution d'un nombre égal d'équations du premier degré à une inconnue.

Considérons maintenant le cas où le nombre des équations est inférieur au nombre des inconnues ; soit, par exemple, un système de trois équations à quatre inconnues. Attribuons à l'une des inconnues une valeur arbitraire : il restera un système de trois équations à trois inconnues, lequel admettra, en général, une solution unique ; les valeurs de ces trois inconnues dépendront, généralement, de la valeur attribuée à la première. D'une manière générale, *un système de* **n** *équations à* (**n** + **p**) *inconnues admet une infinité de solutions, les valeurs de* **p** *des inconnues pouvant être choisies arbitrairement.* On dit qu'un pareil système est **indéterminé**.

C'est ainsi qu'on avait montré, précédemment (**161**), qu'une équation à deux inconnues admettait une infinité de systèmes de solutions, la valeur de l'une des inconnues étant arbitraire.

Supposons, enfin, qu'il y ait plus d'équations que d'inconnues ; soit, par exemple, un système de trois équations à deux inconnues. Deux des équations suffisent, en général, pour déterminer les deux inconnues. Si l'on porte les valeurs trouvées dans la troisième équation, il faut qu'elle se trouve satisfaite identiquement, ce qui n'arrivera généralement pas si les coefficients ont été pris au hasard. Donc, *un système de* (**n** + **p**) *équations à* **n** *inconnues n'admet généralement aucune solution,* ou, comme on dit encore, est impossible.

177. Ces conclusions peuvent évidemment se trouver en défaut pour des systèmes particuliers. Rien n'est plus facile que de former, par exemple, un système de deux équations à trois inconnues qui n'ait pas de solution. Tel est, manifestement, le système :

$$2x + 3y + 5z = 7,$$
$$2x + 3y + 5z = 10,$$

puisqu'il n'existe évidemment pas de système de valeur des inconnues qui rende $(2x + 3y + 5z)$ égal *à la fois* aux deux nombres 7 et 10.

De même, lorsque le nombre des équations est égal au nombre des inconnues, le système, au lieu d'avoir une solution unique, peut, dans certains cas, être impossible ou indéterminé. En voici des exemples :

178. EXEMPLE 1. — Soit le système :

$$(1) \qquad 2x - 3y = 15,$$
$$(2) \qquad 6x - 9y = 20.$$

Je tire x de l'équation (1) :

$$x = \frac{3y + 15}{2},$$

et je porte cette expression de x dans l'équation (2), qui devient successivement :

$$\frac{6(3y + 15)}{2} - 9y = 20,$$
$$3(3y + 15) - 9y = 20,$$
$$9y + 45 - 9y = 20,$$
$$y(9 - 9) = 20 - 45,$$
$$y \times 0 = -25.$$

Quelle que soit la valeur donnée à y, cette dernière

équation ne peut jamais être vérifiée ; elle se réduit, en somme, à l'égalité absurde : $0 = -25$. Il résulte de là que le système **n'admet aucune solution : il est impossible.** On dit **encore quelquefois que** les équations proposées sont **incompatibles.**

179. EXEMPLE II. — Soit le système :

$$(1) \qquad 2x + 3y = 15,$$
$$(2) \qquad 4x + 6y = 30.$$

On tire de l'équation (1) :

$$x = \frac{15 - 3y}{2},$$

et, en remplaçant dans (2), celle-ci devient :

$$\frac{4(15 - 3y)}{2} + 6y = 30,$$
$$2(15 - 3y) + 6y = 30,$$
$$30 - 6y + 6y = 30,$$
$$y(6 - 6) = 30 - 30,$$
$$y \times 0 = 0.$$

Cette dernière équation est toujours vérifiée, quelle que soit la valeur attribuée à y ; elle se réduit, en somme, à l'identité : $0 = 0$. On peut donc choisir arbitrairement la valeur de y ; quant à la valeur correspondante de x, elle est donnée par :

$$x = \frac{15 - 3y}{2}.$$

Il y a une infinité de solutions : le système proposé **est indéterminé.**

On dit encore que l'une des équations données est une **conséquence** de l'autre. On voit, par le fait, que l'équation (2) peut se déduire de (1) en multipliant ses deux membres par **2** : on conçoit ainsi qu'elle n'apprenne, sur les inconnues, rien de plus que la première.

DISCUSSION DU SYSTÈME

$$\left\{ \begin{array}{l} ax + by = c, \\ a'x + b'y = c'. \end{array} \right. \qquad (1)$$

179 *bis*. Pour résoudre ce système, employons par exemple la *méthode de substitution* (164). Supposant $a \neq 0$ on peut tirer de la première équation :

$$x = \frac{c - by}{a},$$

et, en portant dans la seconde :

$$a' \frac{c - by}{a} + b'y = c',$$

ou, en multipliant tous les termes par **a** qui est différent de 0, et réduisant :

$$(ab' - ba')\, y = ac - ca.$$

Ainsi le système (1) est équivalent, *sous la seule condition :* $a \neq 0$, au système :

$$\left\{ \begin{array}{l} x = \dfrac{c - by}{a}, \\ (ab' - ba')y = ac' - ca'. \end{array} \right. \qquad (2)$$

Supposons maintenant $ab' - ba' \neq 0$, on peut alors

résoudre la deuxième équation (2) par rapport à y, puis porter dans la première la valeur ainsi obtenue. On trouve ainsi :

$$\left.\begin{aligned} x &= \frac{cb' - bc'}{ab' - ba'}, \\[1em] v &= \frac{ac' - ca'}{ab' - ba'}. \end{aligned}\right\} \qquad (3)$$

Remarquons, d'ailleurs que si $(ab - ba')$ n'est pas nul, les deux coefficients a et a' ne peuvent être nuls à la fois. On peut toujours supposer : $a \neq 0$, car on a toujours le droit de supposer que l'équation où le coefficient de x est différent de 0 a été écrite la première.

Ainsi donc le système (1) est équivalent, *sous la seule condition* : $ab' - ba' \neq 0$, au système (3), lequel admet évidemment une solution unique, les valeurs des deux inconnues étant données par les seconds membres.

Procédé mnémonique pour retrouver les formules (3). — D'abord le dénominateur commun : $ab' - ba'$, se déduit du *tableau des coefficients* des inconnues :

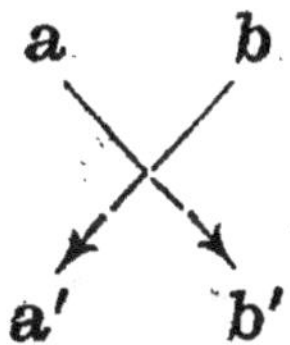

en *multipliant en croix* et faisant précéder du signe $+$ le produit obtenu en partant du premier coefficient, l'autre produit du signe $-$. Ceci fait, pour avoir les numérateurs, on remplace dans le dénominateur les coefficients de l'inconnue que l'on veut calculer par les termes connus correspondants, *supposés écrits dans les second membres.* Ainsi, en remplaçant a et a' par c et c', $ab' - ba'$ se change en $cb' - bc'$, ce qui est le numérateur de x. De même pour y.

Voyons maintenaut ce que l'on peut dire du système quand on suppose : $ab' - ba' = 0$. On n'a pas le droit, dans ce cas, d'appliquer les formules (3), qui ont été établies en supposant : $ab' - ba' \neq 0$. *D'ailleurs elles n'auraient plus de sens,* le dénominateur commun étant égal à 0.

$ab' - ba'$ étant nul, supposons d'abord qu'un des quatre coefficients a, b, a', b', soit différent de 0. On peut toujours supposer que c'est le coefficient de x dans la première équation, c'est-à-dire a (au besoin on intervertirait les équations et les inconnues). Alors le système (1) est encore équivalent au système (2), qui en a été déduit sous la seule condition : $a \neq 0$. Mais à cause de la supposition : $ab' - ba' = 0$, ce système (2) devient alors :

$$\left\{ \begin{array}{l} x = \dfrac{c - by}{a}, \\ 0 = ac' - ca'. \end{array} \right. \qquad (2)'$$

Ce système est évidemment impossible si $(ac' - ca')$ n'est pas nul. Si $ac' - ca' = 0$, la deuxième équation disparaît, puisqu'elle se réduit à une identité, et alors x et y ne sont assujettis qu'à vérifier l'équation unique :

$$x = \dfrac{c - by}{a},$$

laquelle admet une infinité de solutions (161), la valeur de y pouvant être choisie arbitrairement.

Enfin, si les quatre coefficients a, b, a', b' sont nuls, le système est évidemment impossible si c et c' ne sont pas nuls tous les deux, et *complètement indéterminé* si l'on suppose $c = c' = 0$, car alors les deux équations disparaissent.

Exemple. — Discuter le système :

$$\begin{cases} x + my = 1, \\ mx + y = m^2. \end{cases}$$

On a ici : $ab' - ba' = 1 - m^2$, c'est-à-dire $(1 - m)(1 + m)$.

Si m n'est égal ni à $+1$, ni à -1, le système admet une solution unique, donnée par :

$$x = \frac{1 - m^3}{1 - m^2}, \qquad y = \frac{m^2 - m}{1 - m^2}.$$

Les fractions qui figurent dans les seconds membres peuvent d'ailleurs être simplifiées, parce que tous les termes sont divisibles par $(1 - m)$, et ces formules deviennent :

$$x = \frac{1 + m + m^2}{1 + m}, \qquad y = -\frac{m}{1 + m}.$$

Si $m = -1$, $ab' - ba' = 0$ et $ac' - ca' = m^2 - m = 2$. Donc *impossibilité*.

Si $m = +1$, $ab' - ba' = 0$ et $ac' - ca' = 0$, le système se réduit alors à la première équation, qui devient, pour $m = 1$:

$$x + y = 1,$$

et la valeur de l'une des inconnues peut être choisie à volonté.

EXERCICES SUR LE CHAPITRE VIII.

Résoudre les systèmes suivants :

136. $\begin{cases} x + 3y = 14, \\ 2x + y = 4. \end{cases}$

137. $\begin{cases} 14x - 14y = 29, \\ 4x + 6y = 19. \end{cases}$

138. $\begin{cases} 2x + 3y = 65, \\ 5x - 2y = 20. \end{cases}$

139. $\begin{aligned} 12x - 5y &= 11, \\ 7x - 4y &= 1. \end{aligned}$

140. $\begin{aligned} 14x - 3y &= 7, \\ 21x + 2y &= 56. \end{aligned}$

141. $\begin{aligned} 5x - 2y &= 4, \\ 3x + 7y &= 27. \end{aligned}$

142. $\begin{aligned} 7x - 9y &= 19, \\ 5x + 6y &= 26. \end{aligned}$

143. $\begin{aligned} 8x - 3y &= 29, \\ 17x - 4y &= 1. \end{aligned}$

144. $\begin{aligned} 6x + 5y &= 40, \\ 14y - 3x &= 13. \end{aligned}$

145. $\begin{aligned} 5x + 3y &= 27, \\ 8x - 5y &= 4. \end{aligned}$

146. $\begin{aligned} 3x + 7y &= 39, \\ 8x - 9y &= 21. \end{aligned}$

147. $\begin{aligned} 8x - 3y &= 13, \\ 5x + 2y &= 12. \end{aligned}$

148.
$$\begin{cases} \dfrac{x}{6} + \dfrac{y}{10} = 8 \\[2mm] \dfrac{x}{9} - \dfrac{y}{5} = 2 \end{cases}$$

149.
$$\begin{cases} 3x - 4y = 17 \\ 2\,(y + 4x) = 11 + 3x \end{cases}$$

150.
$$\begin{cases} 10x + y = 10y + x + 27 \\ x + y = 9 \end{cases}$$

151.
$$\begin{cases} \dfrac{7 + x}{5} - \dfrac{2x - y}{4} = y - x + \dfrac{1}{4} \\[3mm] \dfrac{5y - 7}{4} + \dfrac{4x - 3}{6} = 4x - 2y + \dfrac{1}{3} \end{cases}$$

152.
$$\begin{cases} \dfrac{x + 2y}{5} - \dfrac{4x - 3y}{4} = 110 \\[3mm] \dfrac{5x - 3y}{8} + \dfrac{7x - 5y}{6} = 370 \end{cases}$$

153.
$$\begin{cases} \dfrac{x}{a^2 + h} + \dfrac{y}{b^2 + h} = 1, \\[3mm] \dfrac{x}{a^2 + k} + \dfrac{y}{b^2 + k} = 1. \end{cases}$$

$a,\ b,\ h,\ k$ étant des quantités données.

154.
$$\begin{cases} x + y + z = 12 \\ 2x + 3y - z = 10 \\ 3x - 2y + 3z = 16 \end{cases}$$

155.
$$\begin{cases} 5x - 2y + 3z = 100 \\ x + 6y = 70 \\ 3x + 2z = 65 \end{cases}$$

156.
$$\begin{cases} 7x - 3y + 6z = 19, \\ 3x - 4y + 5z = 10, \\ 5x + 2y - 2z = 3. \end{cases}$$

157.
$$\begin{cases} 3x + 2y + 2z = 21, \\ 2x - 3y + 3z = 12, \\ 5x - 4y + 3z = 19. \end{cases}$$

158.
$$\begin{cases} 2x + 2y - z = 6, \\ 2y + 2z - x = 12, \\ 2z + 2x - y = 9. \end{cases}$$

$$\frac{x}{3} + \frac{y}{4} + \frac{z}{6} = 36,$$

159.
$$\frac{x}{15} + \frac{y}{20} + \frac{z}{9} = 10,$$

$$\frac{x}{2} + \frac{y}{10} + \frac{z}{4} = 43.$$

160.
$$\begin{cases} 2x + y - 3z = 13 \\ 7x - 8y - 5z = 5 \\ 3x - 4y + 2z = 4 \end{cases}$$

161.
$$\begin{aligned} x + y + z + t &= 10, \\ x + 2y + 3z + 2t &= 6, \\ 2x + y - z + 3t &= 13, \\ 3x + y - 2z - t &= -5. \end{aligned}$$

162.
$$\begin{aligned} x + 2z &= 8, \\ 5y - 3x + 4z &= 11, \\ 13u - 4z &= 5, \\ 2x + 3y - 2u &= 15. \end{aligned}$$

163.
$$\begin{aligned} x + y + z + t &= 1, \\ x + 2y + 4z + 8t &= 5, \\ x + 3y + 9z + 27t &= 14, \\ x + 4y + 16z + 64t &= 30. \end{aligned}$$

164.
$$\begin{cases} 6x + 3y - 3z + u = 10 \\ 3x + 5y + 2z - 2u = 8 \\ 5x - 2y - 2z + 2u = 4 \\ 2x + 5y + 3z - 3u = 2 \end{cases}$$

165.
$$\begin{cases} x + y + z = 12 \\ y + z + t = 18 \\ z + t + x = 16 \\ t + x + y = 14 \end{cases}$$

166.
$$\begin{cases} x + y + z + t = 1 \\ 8x + 4y + 2z + t = 5 \\ 27x + 9y + 3z + t = 14 \\ 64x + 16y + 4z + t = 30 \end{cases}$$

167.
$$\begin{cases} x + y + z + t = 4a \\ x - y + z - t = 4b \\ x - y - z + t = 4c \\ x + y - z - t = 4d \end{cases}$$

168.
$$\begin{aligned}
y + z + u - x &= a,\\
z + u + x - y &= b,\\
u + x + y - z &= c,\\
x + y + z - u &= d.
\end{aligned}$$

169.
$$\begin{aligned}
5x - 3y &= a,\\
5y - 3z &= b,\\
5z - 3u &= c,\\
5u - 3x &= d.
\end{aligned}$$

170.
$$\begin{aligned}
x + y + z &= \frac{bc}{a} + \frac{ca}{b} + \frac{ab}{c},\\
ax + by + cz &= bc + ca + ab,\\
a^2x + b^2y + c^2z &= 3abc.
\end{aligned}$$

171. Trouver les valeurs de x, y, z, qui satisfont à l'équation

$$(2x + 3y + 4z - 51)^2 + (5x - 2y + 8z - 64)^2$$
$$+ (8x + 7y - 6z - 3)^2 = 0$$

(Il faut que chaque carré soit nul séparément).

172. Discuter le système :
$$\begin{aligned}
x + my &= 1,\\
mx + y &= 1.
\end{aligned}$$

CHAPITRE IX

RÉSOLUTION DES PROBLÈMES. — PROBLÈMES DU PREMIER DEGRÉ

180. La résolution d'un problème par l'algèbre comprend plusieurs parties distinctes :

1° Le *choix des inconnues* ;

2° La *mise en équation*, c'est-à-dire la recherche des relations qui lient les quantités données et les quantités cherchées ;

3° La *résolution des équations* trouvées ;

4° La *discussion du problème*, c'est-à-dire l'examen des conditions auxquelles *doivent satisfaire* les données, lorsqu'elles sont littérales, pour que le problème soit possible.

181. Choix des inconnues. — Il arrive quelquefois que le choix de l'inconnue (ou des inconnues) soit imposé par l'énoncé même de la question.

Soit, par exemple, ce problème :

Trouver un nombre dont les trois quarts, augmentés de 5, fassent une somme égale au double du nombre.

Il est clair que l'inconnue à prendre n'est autre chose que le nombre lui-même.

Dans beaucoup de questions, au contraire, le choix de l'inconnue n'est pas explicitement indiqué ; suivant l'inconnue ou les inconnues qu'on prendra, la simplicité des calculs ultérieurs pourra être plus ou moins grande, et dépend ainsi de la sagacité de chacun.

Par exemple, dans le problème de géométrie traité plus loin (187) : *inscrire un carré dans un triangle ABC dont on connaît la base et la hauteur*, la meilleure inconnue à prendre est le côté même du carré demandé.

MISE EN ÉQUATION

182. Il n'y a pas de règle générale pour la mise en équation, la forme des problèmes variant à l'infini. On peut cependant formuler une sorte de précepte qui suffit dans la plupart des cas ; c'est le suivant :

On représente l'inconnue ou les inconnues par des lettres (ordinairement les dernières de l'alphabet, x, y, z, …), les quantités connues étant représentées par des nombres ou par des lettres. Puis, sans faire de distinction entre les quantités connues et les quantités inconnues, on indique sur les unes et sur les autres les calculs que l'on ferait, si le problème était résolu, pour vérifier la solution.

Soit, par exemple, ce problème :

Former une somme de 105 francs avec des pièces de 5 francs et de 2 francs, en prenant 27 pièces en tout.

Je prends pour inconnue le nombre des pièces de 5 francs, soit x : celui des pièces de 2 francs sera $(27 - x)$; x pièces de 5 francs ont pour valeur $5x$; $(27 - x)$ pièces de 2 francs valent $2(27 - x)$. Si x était connu, il devrait vérifier l'égalité :

$$5x + 2(27 - x) = 105 ;$$

x étant inconnu, cette égalité est une *équation* propre à en déterminer la valeur. En la traitant par les procédés exposés précédemment (160), on trouve : $x = 17$; il faut donc prendre 17 pièces de 5 francs et $27 - 17 = 10$ pièces de 2 francs.

Vérification :

$$5 \times 17 + 2 \times 10 = 85 + 20 = 105.$$

EXEMPLES

Nous allons appliquer les notions générales qui précèdent à quelques exemples.

183. PROBLÈME I. — *Trouver une fraction telle que la somme de ses deux termes soit égale à 30, et que, si de chacun d'eux on retranche le nombre 6, on obtienne une nouvelle fraction égale à $\dfrac{7}{11}$.*

Soit **x** le numérateur, le dénominateur est $30 - x$. La fraction proposée est donc $\dfrac{x}{30 - x}$. La fraction obtenue en retranchant 6 à chacun des termes est $\dfrac{x - 6}{30 - x - 6}$, ou $\dfrac{x - 6}{24 - x}$. L'équation du problème est donc :

$$\frac{x - 6}{24 - x} = \frac{7}{11}.$$

Cette équation devient successivement :

$$11x - 66 = 168 - 7x,$$
$$11x + 7x = 168 + 66,$$
$$18x = 234,$$
$$x = \frac{234}{18},$$
$$= 13.$$

La fraction demandée est $\dfrac{13}{30-13}$ ou $\dfrac{13}{17}$. La vérification est immédiate.

184. PROBLÈME II. — *Un père a 46 ans et son fils 14 ans ; dans combien d'années l'âge du père sera-t-il le triple de l'âge du fils ?*

Soit **x** le nombre d'années cherché. Dans **x** années, l'âge du père sera $46 + x$, celui du fils $14 + x$. Puisque à cette époque l'âge du père doit être le triple de celui du fils, on a :

$$46 + x = 3(14 + x).$$

C'est l'équation du problème.

Cette équation devient successivement :

$$46 + x = 42 + 3x,$$
$$3x - x = 46 - 42,$$
$$2x = 4,$$
$$x = \frac{4}{2},$$
$$= 2.$$

Le nombre d'années cherché est égal à **2**.

Vérification : dans **2** ans, le père aura $46 + 2 = 48$ ans, et le fils $14 + 2 = 16$ ans ; **48** est bien le triple de **16**.

185. PROBLÈME III. — *14 mètres de drap et 8 mètres de toile ont coûté 100 francs. Trouver le prix du mètre de chaque étoffe, sachant que 5 mètres de drap coûtent 4 francs de plus que 13 mètres de toile.*

Soient **x** le prix du mètre de drap et **y** celui du mètre de toile.

Le prix de 14 mètres de drap est $14x$;
— 8 — toile est $8y$;
— 5 — drap est $5x$;
— 13 — toile est $13y$.

On a donc les deux équations :

$$14x + 8y = 100,$$
$$5x - 13y = 4.$$

Pour résoudre ce système, commençons par simplifier la première en divisant tous ses termes par 2 :

$$(1) \qquad 7x + 4y = 50,$$
$$(2) \qquad 5x - 13y = 4.$$

Multiplions les deux membres de la première par 5, de la seconde par — 7, et additionnons membre à membre ; il vient :

$$20y + 91y = 250 - 28,$$

ou :

$$111y = 222,$$

d'où :

$$y = \frac{222}{111} = 2.$$

En substituant 2 à y dans l'équation (1), par exemple, on a ensuite :

$$7x + 8 = 50,$$

d'où :

$$x = \frac{50 - 8}{7} = \frac{42}{7} = 6.$$

La drap coûte donc 6 francs et la toile 2 francs le mètre.

186. PROBLÈME IV. — *Une personne a placé, à intérêt simple au taux de 4 0/0, un certain capital, et, au taux de 4 $\frac{1}{2}$ 0/0, un autre capital qui est les $\frac{3}{4}$ du premier. Au bout de 5 ans, elle retire, capitaux et intérêts réunis, une somme totale de 33.900 francs. Quels étaient les deux capitaux placés?*

Désignons le premier capital par **x**, le second sera $\frac{3x}{4}$.

L'intérêt simple du premier capital pendant 5 ans sera :

$$\frac{x \times 4 \times 5}{100}.$$

L'intérêt simple du second capital pendant 5 ans sera :

$$\frac{3x \times 4,5 \times 5}{4 \times 100}.$$

La première expression s'écrit, après simplification, $\frac{x}{5}$, et la seconde, $\frac{27x}{160}$. On a donc l'équation :

$$x + \frac{x}{5} + \frac{3x}{4} + \frac{27x}{160} = 33900.$$

d'où

$$160x + 32x + 120x + 27x = 33900 \times 160,$$
$$339x = 33900 \times 160,$$
$$x = 16000.$$

Le premier capital est donc **16.000** francs ; le second vaut $\frac{16.000 \times 3}{4} = 12.000$ francs.

187. PROBLÈME V. — *Calculer le côté du carré inscrit dans un triangle dont la base BC vaut 15 mètres et la hauteur AH, 10 mètres.* — *Un côté du carré s'appuie sur la base du triangle.*

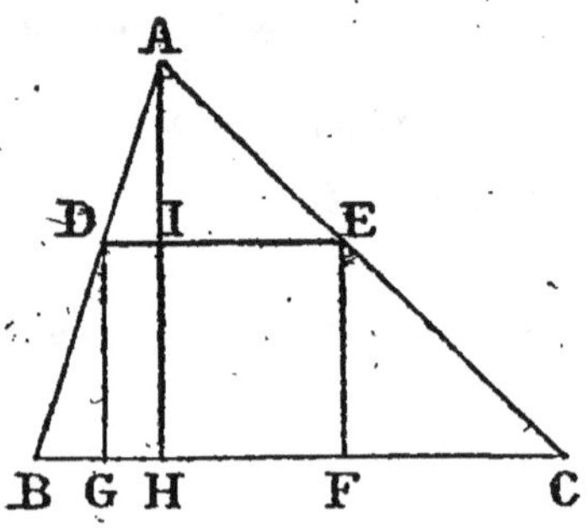

Supposons le problème résolu et soit DEFG le carré inscrit dans le triangle donné. Appelons x le côté de ce carré. Soit I le point de rencontre de AH avec DE.

Les deux triangles ABC, ADE sont semblables puisque DE est parallèle à BC; les côtés homologues sont proportionnels aux hauteurs correspondantes, et l'on a :

$$\frac{DE}{BC} = \frac{AI}{AH},$$

ou, en remplaçant ces quantités par leurs valeurs et remarquant que AI = AH — IH et que IH = DG :

$$\frac{x}{15} = \frac{10 - x}{10}$$

ou :

$$10x = 150 - 15x,$$
$$25x = 150,$$
$$x = 6.$$

Le côté du carré a donc **6** mètres de longueur.

188. Généralisation. — Soient **b** la base du triangle et **h** sa hauteur. L'équation du problème devient :

$$\frac{x}{b} = \frac{h - x}{h},$$

d'où :

$$hx = bh - bx,$$
$$(b + h)\,x = bh,$$
$$x = \frac{bh}{b + h},$$

formule générale qui donne la solution pour toutes les valeurs numériques attribuées aux lettres b, h.

EXERCICES SUR LE CHAPITRE IX.

PROBLÈMES DU PREMIER DEGRÉ

173. Deux amis veulent acheter un cheval à frais communs ; l'un d'eux ne pourrait payer que le cinquième du prix et l'autre le septième ; et en réunissant les deux sommes, il leur faudrait donner encore 276 francs pour payer le cheval : quel est le prix du cheval ?

174. Dites à quelqu'un de penser un nombre ; faites-le multiplier par 7, ajouter 3 au produit, diviser le résultat par 2, et retrancher 4 du quotient : si on vous répond que le reste est 15, quel est le nombre pensé ?

175. Partager 280 en deux parties dont l'une, augmentée de 20, égale le cinquième de l'autre.

176. Trouver une fraction, sachant que la somme des deux termes est 32, et que si des deux termes on retranche le nombre 5, on obtient une fraction égale à $\frac{5}{6}$.

177. Trouver une fraction, sachant que le dénominateur dépasse de 2 unités le triple du numérateur et que, si on ajoute 3 aux deux termes, la nouvelle fraction est équivalente à $\frac{2}{5}$.

178. Partager une droite de 15 mètres de longueur en deux parties qui soient entre elles dans le rapport des nombres 3 et 5. Généraliser le problème en désignant par l la longueur de la droite et par p et q les deux nombres auxquels les segments doivent être proportionnels.

179. Partager le nombre 520 en deux parties, de manière que, si on divise la première par 28 et la seconde par 36, on obtienne 16 pour la somme des quotients.

180. Deux ouvriers travaillant ensemble ont reçu, le premier 288 francs et le deuxième 180 francs. Étant donné que le premier a travaillé 6 jours de plus que le second et que le prix de la journée du second n'est que les $\frac{5}{6}$ de celle du premier, on demande combien chacun gagnait par jour.

181. Un patron occupe deux ouvriers, qui gagnent ensemble 9 francs par jour ; il donne 84 francs pour 8 journées du premier et 11 journées du second. Que revient-il à chacun et quel est le gain journalier de chaque ouvrier ?

182. Les deux aiguilles d'une montre sont exactement l'une sur l'autre à midi : trouver les heures auxquelles ont lieu les rencontres successives des deux aiguilles.

183. Trouver un nombre de deux chiffres, sachant que la somme des chiffres est égale à 10 et que, si on retranche ce nombre du nombre retourné, le reste est égal à 36.

184. Un père et son fils ont ensemble 80 ans, et, si l'âge du fils était doublé, le fils aurait 10 ans de plus que son père. Quel est l'âge de chacun ?

185. Pierre dit à Paul : j'ai deux fois l'âge que vous aviez quand j'avais l'âge que vous avez, et, quand vous aurez mon âge nous aurons à nous deux 90 ans. — Quels sont les âges de Pierre et de Paul ?

186. Deux personnes employées dans un établissement ont des salaires différents, dont la somme s'élève annuellement à 4.400 francs. La première ne dépense chaque année que les $\frac{2}{3}$ du sien, la seconde les $\frac{3}{4}$ du sien, et le montant de leurs économies s'élève à la fin de l'année à 1.310 francs pour les deux. On demande le salaire de chacune. (B. S. *Aspirantes.*)

187. Un maître promet à son domestique, en le prenant à son service, 400 francs par an et un habit. Il le renvoie au bout de 5 mois, lui donne 134 francs et lui laisse l'habit. Quelle est la valeur de l'habit?

188. En deux points distants de 500 kilomètres, on vend le charbon 3 fr. 65 et 5 francs les 100 kilogrammes. On demande le point de l'intervalle situé entre les deux où le charbon reviendrait au même prix, sachant que le transport sur le chemin de fer qui relie les deux endroits coûte 1 franc par 100 kilogrammes et par 100 kilomètres.

189. Un lévrier poursuit un lièvre qui a 90 sauts d'avance. Le lièvre fait 5 sauts pendant que le lévrier n'en fait que 3 ; mais 4 sauts du lévrier valent 7 sauts du lièvre. Combien le lévrier fera-t-il de sauts pour atteindre le lièvre ?

190. Une somme en argent monnayé, au titre 0,900, a été amené au titre 0,835 par l'addition d'une certaine quantité de cuivre. La somme fabriquée avec l'alliage obtenu a été ainsi augmentée de 5.000 francs. Quelle était la somme primitive ? (B. S.)

191. Deux lingots, l'un d'or pur, l'autre d'argent pur, ont exactement la même valeur intrinsèque et pèsent ensemble 1 kilogramme. On demande de calculer le volume et la valeur intrinsèque de chacun d'eux. La densité de l'or est 19, celle de l'argent de 10,5. La valeur intrinsèque du kilogramme d'or est 3.444 francs et celle de 9 kilogrammes d'argent est 1.985 francs. (B. S.)

192. Deux personnes, en réunissant leurs fortunes, ont 167.280 francs. La première place ses fonds à 4 0/0 pendant 3 mois et elle se fait un revenu double de celui que toucherait la seconde en plaçant ses fonds à 5 0/0 pendant 7 mois. Quel est le revenu de chacune ? (B. S.)

193. Trouver trois nombres dont la somme soit égale à 70, et tels que le deuxième divisé par le premier donne 2 pour quotient et 1 pour reste, et que le troisième divisé par le deuxième donne 3 pour quotient et 3 pour reste.

194. Combien d'argent as-tu? demandait quelqu'un à un ami. — Le nombre de francs que j'ai, répondit celui-ci, est tel qu'en retranchant 3 de son produit par 5 et ajoutant 2 au produit du reste par 4, le résultat est égal à 23, en laissant de côté le zéro qui termine le nombre. — Combien a-t-il ?

195. D'après Vitruve, la couronne de Hiéron, roi de Syracuse, pesait 20 livres. Archimède trouva que, pesée dans l'eau, elle éprouvait une perte de poids de 1 livre $\frac{1}{4}$. On demande, d'après cela, combien elle contenait d'or et d'argent, en la supposant formée seulement de ces deux métaux. — On admet que la densité de l'argent est 10,50 et celle de l'or 19.

196. La garnison d'une place se compose de 2.600 hommes, parmi lesquels il y a 9 fois autant de fantassins et 3 fois autant d'artilleurs que de cavaliers : combien y a-t-il de soldats de chaque arme?

197. On a partagé entre trois personnes A, B, C un terrain de 864 ares; la part de A est à celle de B comme 5 est à 11, et celle de C est égale à la somme des deux autres; combien chacune d'elles a-t-elle reçu en partage?

198. Cinq héritiers ont 5.600 francs à partager; B doit avoir le double de A, et 200 francs de plus; C, 3 fois autant que A, moins 400 francs; D, la moitié de la somme des parts de B et de C réunies, et 150 francs de plus; E, le quart des quatre autres parts réunies, plus 475 francs : combien revient-il à chacun?

199. Pierre dit à Paul : donne-moi 1 franc, et j'aurai autant d'argent que toi. Paul répond : donne-moi 1 franc et j'aurai deux fois autant d'argent que toi. Combien possède chacun d'eux?

200. Deux courriers partent ensemble de deux points dont la distance est de 336 kilomètres. S'ils marchent l'un vers l'autre, ils se rencontrent au bout de 12 heures; s'ils marchent au contraire à la suite l'un de l'autre, ils ne s'atteignent qu'au bout de 28 heures. Quelles sont leurs vitesses respectives?

201. Si l'on augmente de 5 mètres la base d'un rectangle et qu'on diminue sa hauteur de 4 mètres, sa surface diminue de 40 mètres carrés; si l'on diminue, au contraire, la base de 4 mètres et qu'on augmente la hauteur de 5 mètres, sa surface augmente de 59 mètres carrés. Calculer la base et la hauteur.

202. On sait que le polygone de $(m + 1)$ côtés a 15 diagonales de plus que le polygone de m côtés. Trouver m (Voir Exerc. 5).

203. Une personne qui possède 60.000 francs emploie une partie de cette somme à l'acquisition d'une maison, puis elle place un tiers de ce qui lui reste à 4 0/0 et les deux autres tiers à 5 0/0, et en tire un revenu total de 1.960 francs par an. Trouver, d'après cela, le prix de la maison et le montant de la somme placée à chaque taux.

204. Une somme de 7.200 francs a été placée à intérêts simples, et l'on remarque : 1° que, si la durée du placement eût été augmentée de 10 jours, l'intérêt total eût augmenté de 12 francs ; 2° que si le taux eût été diminué de 1/2 pour cent, l'intérêt eût diminué de 24 francs. On demande le taux et la durée du placement (l'année est comptée pour 360 jours).

205. Trois sources alimentent un bassin. La première et la deuxième, coulant ensemble, le rempliraient en 12 heures ; la première et la troisième, en 15 heures ; la deuxième et la troisième, en 20 heures. Combien de temps faudra-t-il à chaque source, coulant seule, pour remplir le bassin ? Combien de temps faudra-t-il aux trois sources, coulant ensemble, pour remplir le bassin ?

206. Que peut-on dire du problème suivant :

Trouver un nombre de deux chiffres tel que 2 fois le chiffre des unités y surpasse de 3 unités le chiffre des dizaines ; et qu'en ajoutant 12 au nombre demandé, on retrouve ce même nombre renversé.

(Le problème est impossible ; comment se manifeste l'impossibilité ?)

207. Que peut-on dire du problème suivant :

Trouver un nombre x dont les $\frac{2}{3}$ augmentés de 4 fassent autant que la moitié de la somme obtenue en augmentant les $\frac{4}{3}$ de ce nombre de 6 unités.

(Le problème est encore impossible ; comment se manifeste l'impossibilité ?)

208. Que peut-on dire du problème suivant

Trouver un nombre dont les $\frac{17}{12}$ augmentés de 9 fassent autant que les $\frac{2}{3}$ de ce nombre, plus les $\frac{3}{4}$ de la somme obtenue en ajoutant 12 unités au nombre lui-même ?

(Le problème est indéterminé : n'importe quel nombre, choisi au hasard, vérifie les conditions de l'énoncé).

209. Étant donnée une fraction $\frac{a}{b}$, quel nombre x faut-il ajouter à ses deux termes pour que la fraction double de valeur ? Discussion.

CHAPITRE X

COORDONNÉES RECTANGULAIRES D'UN POINT

189. Définition. — Pour fixer la position d'un point
dans un plan, on suppose tracées dans ce plan deux
droites rectangulaires fixes **X'OX**, **Y'OY**, qu'on appelle
les **axes de coordonnées.** Leur point de rencontre O est
l'origine des coordonnées. Sur chacune d'elles, on choi-
sit un sens positif, soit **OX**
pour le premier axe, **OY** pour
le second.

Soient **M** un point quelconque du plan, **A**, **B** les pieds
des perpendiculaires abaissées
de ce point sur **OX** et sur **OY**.
On appelle **abscisse** du point
M et on désigne ordinairement par la lettre **x**, la mesure
de la longueur **OA** évaluée
avec une certaine unité (par

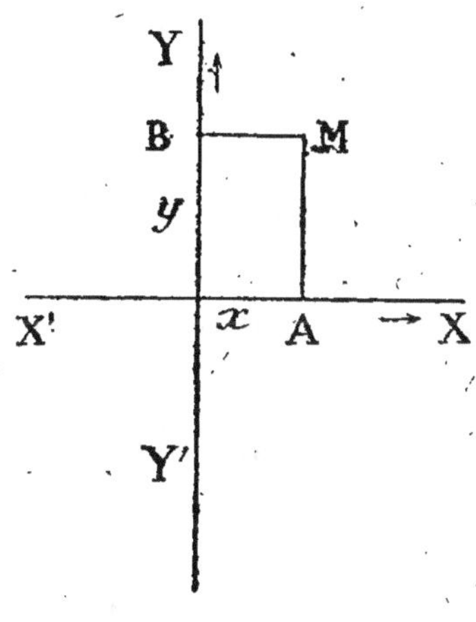

exemple le centimètre), précédée du signe $+$ ou du
signe — suivant que le point **A** appartient à la région
positive ou à la région négative de l'axe **X'X**. On appelle
de même **ordonnée** du point **M** et on désigne par la
lettre **y** la mesure de **OB** précédée du signe $+$ ou du
signe — suivant que **B** se trouve dans la région positive

ou dans la région négative de l'axe **Y'Y**. L'abscisse et l'ordonnée sont les deux **coordonnées** du point.

Le premier axe est souvent appelé *l'axe des* **x** et l'autre *l'axe des* **y**.

On écrit quelquefois les coordonnées d'un point à côté de la lettre qui désigne ce point. Ainsi **M** $(+ 2, + 5)$ désigne le point dont l'abscisse est $+ 2$ et l'ordonnée $+ 5$.

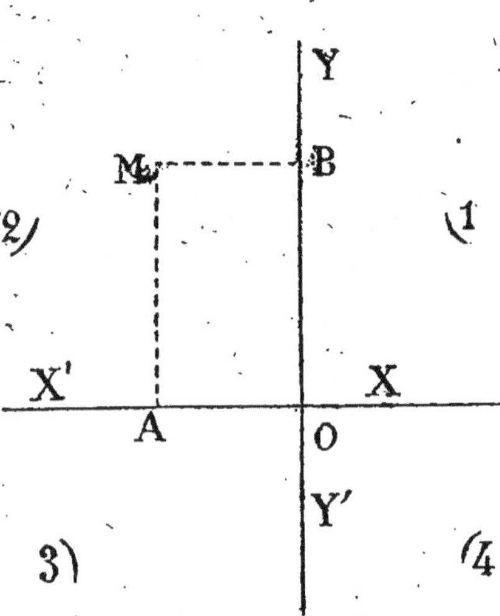

A tout point **M** du plan correspondent évidemment une abcisse et une ordonnée parfaitement déterminées. *Réciproquement*, à tout système de valeurs de **x** et de **y**, considérées la première comme abscisse, la deuxième comme ordonnée, correspond un point du plan et un seul. Soit, par exemple, $x = - 3$, $y = + 5$: je porte sur l'axe des **x** une abscisse $0A = - 3$, c'est-à-dire que j'y marque le point **A** situé à 3 centimètres de distance de l'origine et à gauche de 0, puis sur l'axe des **y** une ordonnée $0B = + 5$, c'est-à-dire que j'y marque le point **B** à **5** centimètres de 0 et au-dessus. Les parallèles aux axes menées par ces points (parallèle à **0Y** par **A**, à **0X** par **B**) se coupent en un point **M** dont les coordonnées sont précisément $- 3$ et $+ 5$.

La construction précédente peut être légèrement modifiée : après avoir marqué sur **0X** le point **A** tel que $0A = - 3$, je mène par ce point une parallèle à **0Y** et sur cette parallèle je porte une longueur $AM = 5$ centimètres au-dessus de OX (on la porterait au-dessous si l'ordonnée était négative).

Remarques. — Les conséquences suivantes s'aperçoivent immédiatement :

Tous les points situés dans l'angle XOY (1er angle), ont leurs deux coordonnées positives ; ceux qui sont situés dans l'angle X'OY' opposé par le sommet au précédent (3e angle) ont leurs deux coordonnées négatives. Dans l'angle X'OY (2e angle), l'abscisse est négative et l'ordonnée positive ; c'est le contraire dans l'angle XOY' (4e angle).

Tous les points dont l'abscisse est la même, par exemple tous les points dont l'abscisse est égale à $+5$, sont situés sur une même parallèle à OY. En particulier, tous les points d'abscisse nulle se trouvent sur l'axe des y.

De même, tous les points dont l'ordonnée a une même valeur se trouvent sur une parallèle à l'axe des x ; en particulier, tous les points dont l'ordonnée est nulle appartiennent à l'axe des x.

Le seul point du plan dont les deux cordonnées soient nulles est le point 0, origine des coordonnées.

REPRESENTATION GRAPHIQUE D'UNE FONCTION

190. Définition. — On appelle, d'une manière générale, **fonction d'une variable x** ([1]), toute expression ren-

---

([1]) x s'appelle souvent la *variable indépendante*, ce qui veut dire qu'on peut, en principe, lui attribuer telle valeur que l'on voudra, au moins entre certaines limites.

fermant x d'une manière quelconque. Exemples :

$$2x + 3, \qquad x^2 - 5x + 6, \qquad \frac{1}{x}, \qquad \text{etc...}$$

sont des fonctions de x.

La fonction que l'on considère est généralement désignée par une lettre, y par exemple. Ainsi on dira que les fonctions que nous venons de citer sont *définies par les équations* :

$$y = 2x + 3, \qquad y = x^2 - 5x + 6, \qquad y = \frac{1}{x}, \text{ etc.}$$

Il est facile de calculer la valeur d'une fonction *pour une valeur donnée de* x. Par exemple, pour $x = 10$, la première fonction a pour valeur :

$$y = 2 \times 10 + 3 = 23.$$

Inversement, quelle valeur faut-il attribuer à x pour que cette fonction devienne égale à 15 ? On remplacera y par 15 dans l'équation qui définit la fonction et on traitera x comme l'inconnue :

$$15 = 2x + 3, \qquad 2x = 15 - 3 = 12, \qquad x = 6.$$

Une fonction de x qu'on ne veut pas préciser se représente souvent par la notation : $f(x)$, qui s'énonce : f de x. La valeur que prend la fonction pour $x = 3$, par exemple, se représentera naturellement par $f(3)$.

Variations d'une fonction. — Croissance et décroissance. — Etant donnée une fonction y de x, si on donne à la variable indépendante différentes valeurs, c'est-à-dire *si l'on fait varier* x, la fonction y varie également, du moins en général. Supposons, par exemple, qu'on donne à x une suite continue de valeurs croissantes. Si, dans ces conditions, y augmente également, la fonction est dite **croissante**; si, au contraire, x augmentant, y va en diminuant, la fonction est dite **décroissante**.

Il est clair qu'une même fonction peut être tantôt croissante, tantôt décroissante, suivant les *intervalles* où l'on fait varier x.

Maximum et minimum. — Supposons qu'une fonction soit croissante dans l'intervalle (a, b) (c'est-à-dire lorsque x va en augmentant depuis a jusqu'à b) et décroissante dans un intervalle $(b. c)$ consécutif au premier. On dira qu'*elle passe par un* **maximum** pour $x = b$. La valeur même du maximum, c'est la valeur que prend la fonction pour $x = b$. Un maximum d'une fonction est donc *une valeur plus grande que les valeurs immédiatement voisines* de la fonction.

Si l'on supposait au contraire que, pour une certaine valeur de x, la fonction cesse de décroître pour commencer à croître, elle passerait par un **minimum** pour la valeur considérée de la variable.

Remarque. — a étant un nombre *positif*, la fonction $af(x)$ varie toujours *dans le même sens* que la fonction $f(x)$. Mais, si a est *négatif*, la fonction $af(x)$ varie toujours *en sens inverse* de $f(x)$: quand $f(x)$ est croissante, $af(x)$ est décroissante et inversement. Quand la première passera par un maximum, la seconde aura un minimum, etc.

c étant une constante quelconque, positive ou négative, la fonction $f(x) + c$ varie toujours dans le même sens que $f(x)$.

Représentation graphique de la variation d'une fonction. — Considérons une fonction définie par une équation quelconque, soit :

$$v = f(x),$$

par exemple : $y = 2x - 3$, ou $y = x^2$, etc. Supposons

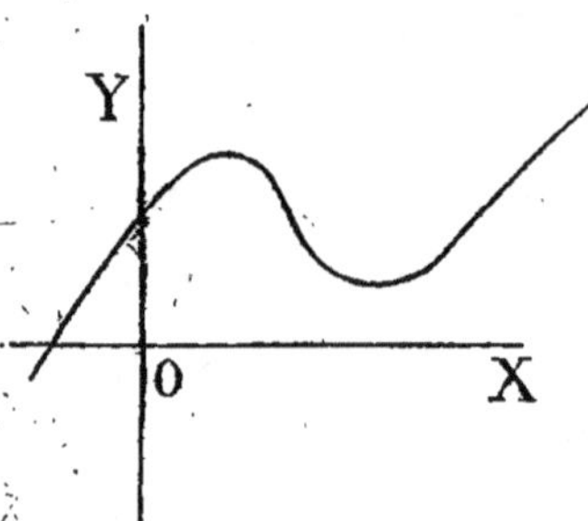

qu'on donne à x un certain nombre de valeurs numériques, x_1, x_2, x_3, ... et soient y_1, y_2, y_3, ... les valeurs correspondantes de la fonction. Traçons deux axes de coordonnées OX, OY, et marquons les points qui ont pour coordonnées : (x_1, y_1), (x_2, y_2), (x_3, y_3)...

Si l'on imagine qu'on ait répété cette opération pour toutes les valeurs possibles de x, l'ensemble des points ainsi obtenus forme une ligne généralement continue, qu'on appelle la ligne figurative ou la ligne **représentative** de la fonction.

Cette courbe a l'avantage de traduire d'une manière claire et frappante les particularités que peut présenter la fonction ; elle permet de saisir sa variation, en quelque sorte, d'un seul coup d'œil. Si la fonction est croissante dans un intervalle, la courbe ira en montant dans la région correspondante ; elle descend au contraire quand la fonction est décroissante. Si une portion de la ligne est presque parallèle à OX, c'est que la fonction varie alors très lentement, etc. Ces *graphiques* ou *diagrammes* sont de plus en plus employés dans les applications : en physique (thermomètres et baromètres enregistreurs), en médecine (courbes de température caractéristiques des diverses maladies), dans les chemins de fer pour représenter la marche des trains, en statistique, etc.

VARIATION DE LA FONCTION : $y = ax + b$.

191. Étudions d'abord quelques cas particuliers.

1° $y = x$. La fonction est toujours égale à la variable : donc x croissant de $-\infty$ à $+\infty$, y croît également de $-\infty$ à $+\infty$.

2° $y = 3x$. Le multiplicateur 3 étant positif, cette fonction varie dans le même sens que x. Elle croît donc évidemment de $-\infty$ à $+\infty$.

3° $y = -\dfrac{5}{2} x$. Le multiplicateur $-\dfrac{5}{2}$ étant négatif, cette fonction varie constamment en sens inverse de x. Donc, x croissant de $-\infty$ à $+\infty$, y ira en décroissant de $+\infty$ à $-\infty$.

En résumé, on peut dire que la fonction $y = ax$ est constamment croissante ou constamment décroissante suivant que a est $>$ ou < 0.

L'addition d'une constante b à la fonction ne change pas le sens de variation de celle-ci. Nous pouvons donc énoncer le théorème général que voici.

THÉORÈME. — *La fonction entière du premier degré :*

$$y = ax + b$$

est toujours croissante ou toujours décroissante suivant que a est positif ou négatif.

Ajoutons que dans le premier cas, x croissant de $-\infty$ à $+\infty$, la fonction croît également de $-\infty$ à

$+ \infty$; dans le second cas, elle va en décroissant de $+\infty$ à $-\infty$.

192. Représentation graphique. — THÉORÈME. — *La ligne représentative de la fonction* $y = ax + b$ *est, dans tous les cas, une ligne droite.*

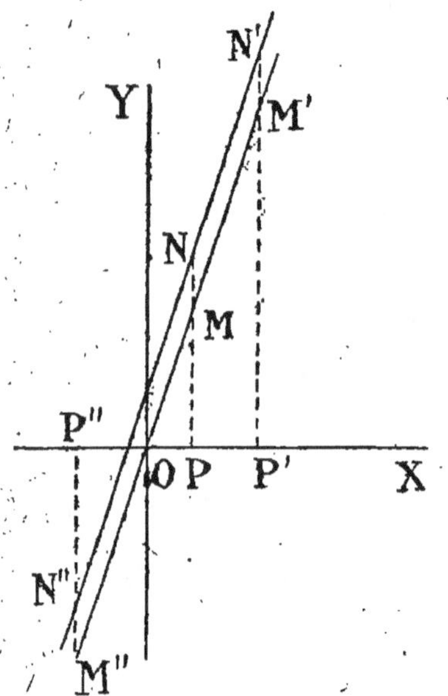

Considérons d'abord la fonction : $y = 3x$. Pour $x = 0$, on a $y = 0$; la ligne représentative passe donc par le point 0. Donnons à x différentes valeurs, les unes positives, les autres négatives, comme $+2$, $+5$, -3, etc. Marquons sur l'axe des x les points P, P', P'', qui correspondent à ces valeurs et construisons les ordonnées correspondantes PM, P'M', P''M'', qu'on obtient en triplant les abscisses. Remarquons qu'aux points P, P', situés *à droite* de 0 correspondant des points M, M', situés *au-dessus* de OX; tandis qu'à un point tel que P'' situé *à gauche* de 0 (*abscisse négative*) correspond un point M'' *au-dessous* de OX (*ordonnée également négative*).

En tenant compte de cette disposition relative des points et en observant que les divers triangles rectangles OPM, OP'M', OP''M'', sont semblables comme ayant les côtés de l'angle droit proportionnels, on voit que tous les points M, M', M'', sont sur une même droite passant par l'origine. Cette droite traverse l'angle XOY et son opposé par le sommet (angles 1 et 3).

En appliquant le même raisonnement à la fonction

$y = -\,2x$, on aurait encore trouvé une ligne droite, mais située dans les angles (2) et (4) (2e fig.).

Si on considère maintenant la fonction $y = 3x + 2$, en se reportant à la première figure, il faudrait augmenter de 2 unités les ordonnées de tous les points de la droite. Les points N, N′, N″, ainsi obtenus se trouvent sur une droite parallèle à la première et coupant l'axe des y au point B tel que $\overline{OB} = +\,2$. A la fonction $y = -\,2x + 1$ correspondrait de même (2e fig.) une parallèle à la droite qui correspond à $y = -\,2x$ et coupapnt OY au point B tel que $OB = +\,1$.

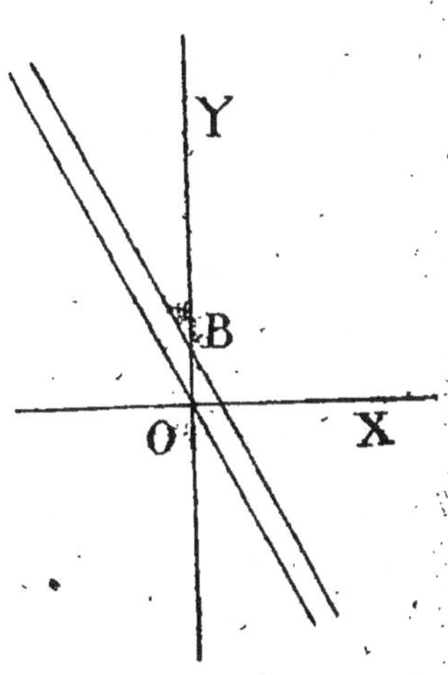

Résumé. — Les raisonnements qui précèdent s'appliquent évidemment quelles que soient les valéurs des *coefficients* ou *constantes* a et b. On peut donc dire, d'une manière générale, que *la ligne figurative de la fonction* $y = ax$ (1) *est une droite passant par l'origine; cette droite traverse l'angle* XOY *ou l'angle* XOY′ *suivant que* a *est positif ou négatif. Quant à la fonction* $y = ax + b$, *la ligne qui la représente est une droite parallèle à celle qui correspondrait à l'équation* $y = ax$ *et coupant l'axe des* y *au point* B *dont l'ordonnée est égale à* b.

Signification des coefficients. — Cette dernière propriété justifie le nom d'ordonnée à l'origine que l'on donne au coefficient b.

Quant au coefficient a, il résulte de ce qui précède que

(1) Au lieu de dire que la droite correspond à *la fonction* définie par l'équation : $y = ax + b$, on dit aussi qu'elle correspond à *l'équation* elle-même.

toutes les droites qui correspondent à une même valeur de **a** sont parallèles à celle qui représente la fonction $y = ax$, laquelle passe par l'origine. Pour cette der

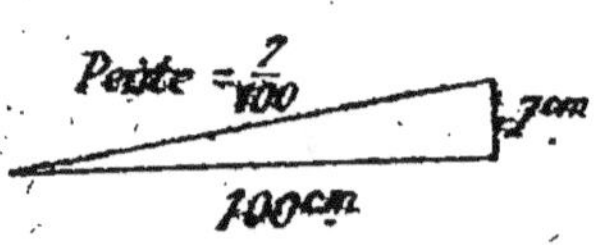

nière, le rapport de l'ordonnée d'un quelconque de ses points à son abscisse est, par la construction même, égal à **a**. De là le nom de pente ou de coefficient angulaire donné au coefficient **a**. Cette dénomination est bien conforme à la signification ordinaire du mot *pente :* la pente d'une route, par exemple, s'obtient en divisant la quantité dont on s'élève en allant d'un point à un autre, par la quantité dont on s'avancerait en même temps sur la projection horizontale de la route.

Remarque I. — Si l'on suppose $a = 0$, l'équation se réduit à $y = b$. La fonction est alors constante. La ligne représentative, dans ce cas, a tous ses points à la même distance

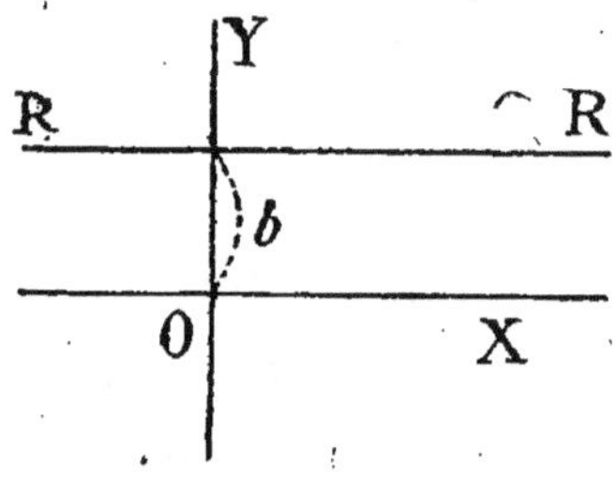

de **OX** : c'est donc une droite R'R parallèle à **OX**.

Remarque II. — D'une manière générale, *l'ensemble des points dont les coordonnées vérifient une équation du premier degré :* $Ax + By + C = 0$, par exemple :

$$2x + 3y - 6 = 0 \qquad (1)$$

est une droite. Car cette équation peut s'écrire, en résolvant par rapport à **y** :

$$y = \frac{6 - 2x}{3}, \qquad \text{ou :} \qquad y = -\frac{2}{3}x + 2,$$

ce qui nous ramène au cas précédent.

La manière la plus simple de *construire* cette droite consiste à chercher les points où elle coupe les axes de coordonnées. Pour cela, il est inutile de résoudre par rapport à y : si dans l'équation (1) on remplace y par 0, elle donne $x = 3$; l'équation est donc satisfaite pour $x = 3$, $y = 0$; la droite passe donc par le point A de l'axe des x dont l'abscisse est égale à 3.

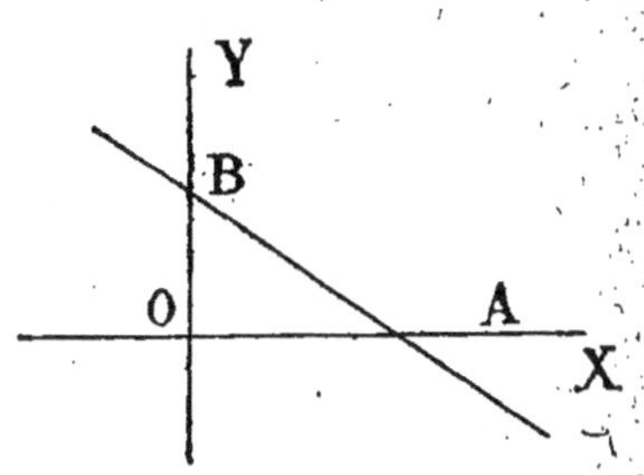

De même, si on fait $x = 0$, on trouve $y = 2$; on en conclut, de la même manière, que la droite passe par le point B de l'axe des y dont l'ordonnée est égale à 2.

193. Résolution graphique du système :

$$\mathbf{a}x + \mathbf{b}y = c, \quad \mathbf{a}x' + \mathbf{b}'y = c'.$$

Si l'on considère x, y, comme les coordonnées d'un point du plan, chacune des équations du système représente une droite, comme nous venons de le voir, et les valeurs des inconnues qui satisfont au système sont précisément les coordonnées du point d'intersection de ces deux droites.

D'après cela, on pourra résoudre graphiquement, tout au moins avec une certaine approximation, un système de deux équations du premier degré à deux inconnues ; il est commode d'employer pour cela le papier quadrillé.

L'impossibilité se manifeste par le fait que les deux droites sont parallèles. L'indétermination correspond au cas où elles sont confondues.

Par exemple le système étudié précédemment (179 *bis*) : $x + my = 1,$ $\quad mx + y = m^2,$ devient pour $m = -1$:

$$x - y = 1, \qquad -x + y = 1,$$

ou :
$$x - y = 1, \qquad x - y = -1.$$

Les deux droites qui correspondent à ces deux équations sont parallèles à la première bissectrice (bissectrice des angles 1 et 3 des axes) ; elles ne sont pas confondues, car elles coupent l'axe des y en des points différents. Or on a reconnu que pour $x = -1$, le système était impossible.

Pour $m = 1$, les équations deviennent :

$$x + y = 1, \qquad x + y = 1.$$

Elles représentent la même droite, ce qui explique l'indétermination.

EXERCICES SUR LE CHAPITRE X.

Construire les lignes figuratives des fonctions du 1er degré définies par :

210. $\qquad\qquad y = x.$

211. $\qquad\qquad y = x + 2.$

212. $\qquad\qquad y = x - 3.$

213. $\qquad\qquad y = -x.$

214. $\qquad\qquad y = -x + 1.$

215. Comment peut-on construire graphiquement la droite qui correspond à l'équation : $y = \dfrac{3}{5}x$, sans fractionner l'unité de longueur ?

Construire les droites qui correspondent à :

216. $\qquad\qquad y = 2x + 3.$

217. $\qquad\qquad y = \dfrac{2}{3}x - \dfrac{3}{4}.$

218. $\qquad\qquad y = -\dfrac{3}{5}x + \dfrac{1}{2}.$

219. Déterminer les coefficients a et b de telle manière que la fonction $y = ax + b$ prenne pour $x = 2$, la valeur 3, et, pour $x = 5$, la valeur -1.

220. Plus généralement de manière que la fonction prenne, pour $x = x_1$, la valeur y_1, et pour $x = x_2$ la valeur y_2, x_1, y_1, x_2, y_2 étant des nombres donnés.

CHAPITRE XI

RÉSOLUTION DE L'ÉQUATION DU SECOND DEGRÉ A UNE INCONNUE

I. — NOTIONS SUR LE CALCUL DES RADICAUX

194. Définition. — On appelle racine $m^{ième}$ arithmétique *d'un nombre positif* A *le nombre positif qui, élevé à la puissance* m, *reproduit* A. Ce nombre se représente par la notation $\sqrt[m]{A}$. Le signe $\sqrt{\ }$ (qui provient d'un r déformé) s'appelle un **radical** ; le nombre entier m s'appelle l'**indice** du radical. On a donc, par définition :

$$\left(\sqrt[m]{A}\right)^m = A.$$

On démontre en arithmétique l'existence de la **racine** d'**indice** quelconque m d'un nombre A et on apprend à la calculer avec une approximation indéfinie (voir à cet égard, pour la racine carrée et **pour la racine cubique,** Ar. B., **344** et 370).

195. On convient de supprimer l'indice du radical lorsqu'il est égal à **2** et l'on écrit : $\sqrt{2}$, $\sqrt{a^2 + b^2}$ au lieu de $\sqrt[2]{2}$, $\sqrt[2]{a^2 + b^2}$.

196. Nous avons vu qu'en algèbre (**89**) tout nombre positif A a deux racines carrées égales et de signes contraires, savoir: sa racine carrée arithmétique et cette même racine changée de signe. La même chose a lieu pour les racines d'indice pair en général. Il importe de ne pas oublier que, dans tout ce qui suit, *la notation $\sqrt{A}$ représente exclusivement la racine carrée arithmétique du nombre positif* **A**.

Je rappelle aussi qu'un nombre négatif n'a pas, en algèbre, de racine carrée, ni généralement de racine d'indice pair, quel qu'il soit (88).

197. THÉORÈME. — *Le produit de plusieurs radicaux de même indice est égal à la racine de même indice du produit des quantités soumises aux radicaux.*

Ainsi je dis qu'on a d'une manière générale :

$$(1) \qquad \sqrt[m]{A} \times \sqrt[m]{B} \times \sqrt[m]{C} = \sqrt[m]{ABC}.$$

(Dans cette formule comme dans tout ce qui suivra, les quantités soumises **aux** radicaux seront toujours supposées *positives*.)

Elevons en effet les deux membres de cette égalité à la puissance **m**, en nous rappelant que, pour élever un produit de plusieurs facteurs à une certaine puissance, il suffit d'élever à cette puissance chacun des facteurs (Ar. B., 76) ; nous trouvons de part et d'autre le même résultat, savoir : **ABC**. Les deux membres ont donc même puissance **m**ième, donc ils sont égaux,

C. Q. F. D.

198. COROLLAIRE. — *Pour élever un radical à une puissance quelconque, il suffit d'élever à cette puissance la quantité soumise au radical.*

Supposons par exemple que, dans l'égalité précédente (1), on ait : **A** = **B** = **C**. Elle devient :

$$\sqrt[m]{A} \times \sqrt[m]{A} \times \sqrt[m]{A} = \sqrt[m]{A \times A \times A},$$

ou :

$$(\sqrt[m]{A})^3 = \sqrt[m]{A^3}.$$

Plus généralement, si au lieu d'avoir 3 radicaux égaux au premier membre, on en avait p, il en résulterait que :

$$(2) \qquad \left(\sqrt[m]{A}\right)^p = \sqrt[m]{A^p},$$

ce qui démontre la proposition.

Faire entrer un facteur sous un radical ou faire sortir d'un radical d'indice m une puissance $m^{\text{ième}}$ parfaite.

199. En vertu du théorème énoncé (197), on a en particulier :

$$\sqrt[m]{A} \times \sqrt[m]{B} = \sqrt[m]{AB}.$$

Supposons, dans cette formule, $A = a^m$; elle devient :

$$\sqrt[m]{a^m} \times \sqrt[m]{B} = \sqrt[m]{a^m B},$$

ou, puisque $\sqrt[m]{a^m} = a$:

$$(3) \qquad a \sqrt[m]{B} = \sqrt[m]{a^m B}.$$

Remplacer le premier membre de cette égalité par le second, c'est ce qu'on appelle *faire entrer le facteur a sous le radical $\sqrt[m]{B}$* ; inversement, remplacer le second membre par le premier, c'est *faire sortir du radical la puissance $m^{\text{ième}}$ a^m*.

D'après cette formule (3), les règles à suivre pour opérer ces transformations peuvent s'énoncer ainsi :

Pour faire entrer un facteur a sous un radical d'indice m, il suffit de supprimer ce facteur devant le radical et de multiplier la quantité sous le radical par a^m.

Inversement, pour faire sortir d'un radical d'indice **m** *une puissance* **m**ième *parfaite d'un nombre* **a**, *il suffit de supprimer cette puissance comme facteur sous le radical et de multiplier le radical par* **a**.

200. Applications. — On a par exemple :

$$a\sqrt{3} = \sqrt{3a^2}, \quad 2\sqrt[3]{3} = \sqrt[3]{24},$$

et inversement :

$$\sqrt[3]{a^4} = a\sqrt[3]{a}, \quad \sqrt{8} = 2\sqrt{2}, \text{ etc.}$$

Rendre rationnel le dénominateur d'une fraction

201. On admet qu'une expression fractionnaire est plus simple lorsque son dénominateur ne renferme pas de radicaux : et, en effet, elle est alors beaucoup plus facile à calculer.

Les exemples qui suivent feront suffisamment comprendre la marche à suivre pour faire disparaître les radicaux au dénominateur, dans chaque cas particulier.

Soit d'abord l'expression :

$$\frac{1}{\sqrt{2}}.$$

En multipliant les deux termes par $\sqrt{2}$, on l'écrira :

$$\frac{1}{\sqrt{2}} = \frac{\sqrt{2}}{2} = \frac{1,4142135624\ldots}{2} = 0,7071067812\ldots$$

Soit encore la fraction :

$$\frac{1}{\sqrt{2}+1}.$$

Multiplions les deux termes par la quantité $(\sqrt{2}-1)$ (c'est ce qu'on appelle la quantité *conjuguée* du dénominateur), nous aurons :

$$\frac{1}{\sqrt{2}+1} = \frac{\sqrt{2}-1}{(\sqrt{2}+1)(\sqrt{2}-1)}$$

$$= \frac{\sqrt{2}-1}{2-1} = \sqrt{2}-1 = 0,41421\ldots$$

Considérons encore l'expression :

$$\frac{1}{\sqrt{2}+\sqrt{5}+\sqrt{8}}.$$

Je commence par remarquer que (200) :

$$\sqrt{8} = 2\sqrt{2},$$

de sorte que le dénominateur peut s'écrire :

$$3\sqrt{2}+\sqrt{5}.$$

Multiplions chacun des termes de la fraction par la quantité $3\sqrt{2}-\sqrt{5}$, elle devient :

$$\frac{3\sqrt{2}-\sqrt{5}}{(3\sqrt{2}+\sqrt{5})(3\sqrt{2}-\sqrt{5})} = \frac{3\sqrt{2}-\sqrt{5}}{13}$$

Soit enfin :

$$\frac{1}{\sqrt{2}+\sqrt{3}+\sqrt{5}}.$$

Multiplions les deux termes, en premier lieu, par

$$\sqrt{2}+\sqrt{3}-\sqrt{5},$$

l'expression s'écrit :

$$\frac{\sqrt{2} + \sqrt{3} - \sqrt{5}}{(\sqrt{2} + \sqrt{3} + \sqrt{5})(\sqrt{2} + \sqrt{3} - \sqrt{5})}$$

$$= \frac{\sqrt{2} + \sqrt{3} - \sqrt{5}}{(\sqrt{2} + \sqrt{3})^2 - 5}$$

$$= \frac{\sqrt{2} + \sqrt{3} - \sqrt{5}}{2 + 3 + 2\sqrt{6} - 5} = \frac{\sqrt{2} + \sqrt{3} - \sqrt{5}}{2\sqrt{6}},$$

et il suffit actuellement de multiplier les deux termes par $\sqrt{6}$ pour avoir un dénominateur rationnel. Le résultat est :

$$\frac{\sqrt{6}\,(\sqrt{2} + \sqrt{3} - \sqrt{5})}{12}.$$

II. — RÉSOLUTION DE L'ÉQUATION : $ax^2 + bx + c = 0$

202. Une équation à une inconnue x est *du second degré* lorsque, l'équation étant rendue entière et rationnelle par rapport à x, le terme qui contient x à la plus haute puissance est du second degré (142).

Par suite, une pareille équation ne peut renfermer que trois sortes de termes :

1° Des termes en x^2 ;

2° Des termes en x ;

3° Des termes tout connus.

Si on fait passer tous les termes dans le premier membre, l'équation, après réduction, se présente sous la forme :

$$ax^2 + bx + c = 0,$$

a, b, c étant des nombres quelconques, positifs ou négatifs.

Le coefficient a de x^2 ne peut être nul, sans quoi l'équation ne serait plus que du premier degré ; mais les quantités b et c peuvent être nulles et alors l'équation du second degré est dite *incomplète*.

203. Equations incomplètes. — 1er cas. — Supposons d'abord que, dans l'équation $ax^2 + bx + c = 0$, le coefficient b soit nul, c'est-à-dire qu'il n'y ait pas, après réduction, de terme du premier degré en x, l'équation devient :

$$ax^2 + c = 0.$$

En faisant passer c dans le second membre, puis divisant les deux membres par a, on a :

$$x^2 = -\frac{c}{a}.$$

On est donc ramené, pour résoudre l'équation, à extraire la racine carrée de $-\dfrac{c}{a}$. Deux cas sont alors à distinguer :

1° Si $-\dfrac{c}{a}$ est positif, il y a deux nombres qui satisfont à l'équation, savoir : $+\sqrt{-\dfrac{c}{a}}$ et $-\sqrt{-\dfrac{c}{a}}$ (89, 196), ce que l'on exprime en écrivant :

$$x = \pm\sqrt{-\frac{c}{a}},$$

ou encore, en *séparant les racines* :

$$x' = +\sqrt{-\frac{c}{a}}, \quad x'' = -\sqrt{-\frac{c}{a}}.$$

Les deux racines sont égales et de signes contraires.

EXEMPLE. — *Résoudre l'équation* :

$$16x^2 - 9 = 0.$$

De cette équation on déduit :

$$x^2 = \frac{9}{16},$$

$$x = \pm \sqrt{\frac{9}{16}} = \pm \frac{3}{4}.$$

Donc

$$x' = +\frac{3}{4}, \ x'' = -\frac{3}{4}.$$

2° Si $-\dfrac{c}{a}$ est négatif, comme il n'existe aucun nombre dont le carré soit égal à $-\dfrac{c}{a}$ (88, 196), l'équation n'a pas de solution. On dit quelquefois que *les racines sont imaginaires*. Par opposition, dans le cas où $-\dfrac{c}{a}$ est positif, on dira que *les racines sont réelles*.

EXEMPLE. — *Résoudre l'équation* :

$$16x^2 + 9 = 0.$$

Cette équation s'écrit :

$$x^2 = -\frac{9}{16}.$$

Elle n'a pas de racines.

204. 2ᵐᵉ cas. — Supposons maintenant que, dans l'équation $ax^2 + bx + c = 0$, on ait $c = 0$, c'est-à-dire qu'il n'y ait pas, après réduction, de terme tout connu. L'équation devient :

$$ax^2 + bx = 0.$$

Mettons x en facteur commun dans le premier membre, elle s'écrit :

$$x(ax + b) = 0.$$

Pour qu'un produit de facteurs soit nul, il faut et il suffit que l'un des facteurs du produit soit nul. L'équation se décompose donc en deux autres :

$$\begin{cases} x = 0, \\ ax + b = 0, \end{cases}$$

c'est-à-dire qu'elle admet à la fois les solutions de l'une et de l'autre ; elle n'en admet d'ailleurs pas d'autre. Les deux racines de l'équation sont donc 0 et $-\dfrac{b}{a}$:

$$x' = 0, \qquad x'' = -\frac{b}{a}.$$

Ainsi, l'équation du second degré privée de terme tout connu admet toujours la racine zéro et une autre racine qui peut être positive ou négative.

EXEMPLE. — *Résoudre l'équation :*

$$5x^2 - 9x = 0.$$

Elle s'écrit :

$$x(5x - 9) = 0$$

et donne :

$$x' = 0, \qquad x'' = \frac{9}{5}.$$

205. *Équation complète.* — Prenons maintenant l'équation complète :

$$(1) \qquad ax^2 + bx + c = 0.$$

Le coefficient a étant différent de zéro (202), on peut

diviser tous les termes par a; l'équation devient alors :

$$x^2 + \frac{b}{a}x + \frac{c}{a} = 0.$$

En posant, pour simplifier, $\frac{b}{a} = p$, $\frac{c}{a} = q$, elle s'écrit :

$$(2) \qquad x^2 + px + q = 0.$$

C'est à cette dernière forme que l'on réduit souvent l'équation générale du second degré.

RÉSOLUTION DE L'ÉQUATION : $x^2 + px + q = 0$

206. Je remarque que le binôme $x^2 + px$ représente une partie du développement du carré de $\left(x + \frac{p}{2}\right)$, car on a (60) :

$$\left(x + \frac{p}{2}\right)^2 = x^2 + px + \frac{p^2}{4}.$$

Ajoutons $\frac{p^2}{4}$ aux deux membres de l'équation (2) pour compléter le carré, elle devient :

$$x^2 + px + \frac{p^2}{4} + q = \frac{p^2}{4},$$

ou, en faisant passer q dans le second membre :

$$x^2 + px + \frac{p^2}{4} = \frac{p^2}{4} - q,$$

ou encore :

$$(3) \qquad \left(x + \frac{p}{2}\right)^2 = \frac{p^2}{4} - q.$$

Trois cas sont alors à distinguer.

1° $$\frac{p^2}{4} - q > 0.$$

Pour que l'équation (3) soit satisfaite, il faut et il suffit que $\left(x + \frac{p}{2}\right)$ soit égal à l'une des racines carrées de $\left(\frac{p^2}{4} - q\right)$; autrement dit, on tire de l'équation :

$$x + \frac{p}{2} = \pm \sqrt{\frac{p^2}{4} - q},$$

d'où :

(4) $$x = -\frac{p}{2} \pm \sqrt{\frac{p^2}{4} - q}.$$

C'est la formule de résolution. On peut écrire, en séparant les racines :

$$x' = -\frac{p}{2} + \sqrt{\frac{p^2}{4} - q}, \quad x'' = -\frac{p}{2} - \sqrt{\frac{p^2}{4} - q}.$$

2° $$\frac{p^2}{4} - q = 0.$$

L'équation (3) se réduit alors à :

$$\left(x + \frac{p}{2}\right)^2 = 0.$$

Pour que le premier membre soit nul, il faut et il suffit que $\left(x + \frac{p}{2}\right)$ le soit, on a donc :

$$x = -\frac{p}{2};$$

l'équation n'a alors qu'une seule racine. Néanmoins, on a l'habitude, en considérant ce cas comme le cas limite du précédent, de dire que *l'équation admet deux racines égales*, ou encore *une racine double*.

$$3° \qquad \frac{p^2}{4} - q < 0.$$

L'équation (3), et par suite l'équation (1), est impossible. *Les racines sont imaginaires.*

207. Exemple I. — *Résoudre l'équation :*

$$x^2 - 8x + 7 = 0.$$

Elle est de la forme $x^2 + px + q = 0$, avec $p = -8$, $q = 7$. On a ici :

$$\frac{p^2}{4} - q = \left(\frac{p}{2}\right)^2 - q = 4^2 - 7 = 9.$$

Donc il y a deux racines réelles. Pour les obtenir, appliquons la formule (4) en ayant égard à la valeur de la quantité sous le radical, que nous venons de calculer, nous aurons :

$$x = 4 \pm \sqrt{9} = 4 \pm 3 ;$$
$$x' = 4 + 3 = 7 ; \qquad x'' = 4 - 3 = 1.$$

208. Exemple II. — *Résoudre l'équation :*

$$x^2 - 14x + 49 = 0.$$

On a ici :

$$\frac{p^2}{4} - q = 7^2 - 49 = 0.$$

L'équation admet une racine double. Pour la calculer, remarquons que la formule (4) se réduit, la quantité sous le radical étant égale à 0, à $x = -\dfrac{p}{2}$, nous avons :

$$x = 7.$$

209. EXEMPLE III. — *Résoudre l'équation :*

$$x^2 + x + 1 = 0$$

On a ici : $\dfrac{p^2}{4} - q = \dfrac{1}{4} - 1 = -\dfrac{3}{4}$, quantité néga-tive. Donc les racines sont imaginaires.

FORMULE DE RÉSOLUTION
DE L'ÉQUATION :

$$ax^2 + bx + c = 0.$$

210. Pour résoudre l'équation :

$$ax^2 + bx + c = 0,$$

nous l'avons mise sous la forme :

$$x^2 + px + q = 0$$

en posant : $\dfrac{b}{a} = p$, $\dfrac{c}{a} = q$, et trouvé pour expression des racines :

$$x = -\frac{p}{2} \pm \sqrt{\frac{p^2}{4} - q}.$$

Pour avoir l'expression des racines en fonction des coefficients a, b, c, il suffit de rétablir dans cette formule, à la place de p et de q, les quantités $\dfrac{b}{a}$ et $\dfrac{c}{a}$ qu'elles re-présentent, ce qui donne :

$$x = -\frac{b}{2a} \pm \sqrt{\frac{b^2}{4a^2} - \frac{c}{a}}$$

ou :

$$x = -\frac{b}{2a} \pm \sqrt{\frac{b^2 - 4ac}{4a^2}},$$

ou encore, **en** faisant sortir le facteur carré $\dfrac{1}{4a^2}$ du radical (199) :

$$x = -\frac{b}{2a} \pm \frac{\sqrt{b^2 - 4ac}}{2a},$$

ou enfin :

$$(5) \qquad x = \frac{-b \pm \sqrt{b^2 - 4ac}}{2a}.$$

C'est la formule générale qu'on peut appliquer *dans tous les cas.*

La condition pour qu'il y ait des racines, ou condition de réalité, s'écrit ici :

$$b^2 - 4ac > 0.$$

Les racines sont alors *réelles et distinctes.*
Si :

$$b^2 - 4ac = 0,$$

les deux racines sont *égales ;* leur valeur est :

$$x = -\frac{b}{2a}.$$

Enfin, si :

$$b^2 - 4ac < 0,$$

les racines sont imaginaires.

211. Cas où le coefficient de x est pair. — En posant : $b = 2b'$, la formule (5) peut s'écrire :

$$x = \frac{-2b' \pm \sqrt{4b'^2 - 4ac}}{2a}$$

ou (199) :

$$x = \frac{-2b' \pm 2\sqrt{b'^2 - ac}}{2a},$$

ou enfin :

$$(6) \qquad x = \frac{-\,b' \pm \sqrt{b'^2 - ac}}{a}.$$

212. EXEMPLE I. — *Résoudre l'équation :*

$$12x^2 + x - 6 = 0.$$

J'applique la formule (5) :

$$x = \frac{-1 \pm \sqrt{1 + 4 \times 12 \times 6}}{24}.$$

$$= \frac{-1 \pm \sqrt{289}}{24}$$

$$= \frac{-1 \pm 17}{24}.$$

$$x' = \frac{-1 + 17}{24} = \frac{16}{24} = \frac{2}{3},$$

$$x'' = \frac{-1 - 17}{24} = \frac{-18}{24} = -\frac{3}{4}.$$

213. EXEMPLE II. — *Résoudre l'équation :*

$$3x^2 - 8x - 3 = 0.$$

Dans cet exemple, le coefficient de x étant pair, il est préférable d'appliquer la formule (6), qui donne :

$$x = \frac{4 \pm \sqrt{16 + 9}}{3}.$$

$$= \frac{4 \pm \sqrt{25}}{3}.$$

$$x' = \frac{4 + 5}{3} = \frac{9}{3} = 3; \qquad x'' = \frac{4 - 5}{3} = \frac{-1}{3} = -\frac{1}{3}.$$

214. Remarque. — En principe, on ne doit pas appliquer la formule de résolution avant de s'être assuré que les racines existent, c'est-à-dire que $b^2 - 4ac$ est positif ou nul. Si on ne prend pas cette précaution, on est averti de la non-existence des racines par cette circonstance, que la quantité trouvée sous le radical est *négative*.

SOMME ET PRODUIT DES RACINES

214 *bis*. THÉORÈME. — *La somme des racines de l'équation du second degré* : $ax^2 + bx + c = 0$ *est égale au coefficient du terme du premier degré en* x, *changé de signe, divisé par le coefficient de* x^2, *c'est-à-dire à* $-\dfrac{b}{a}$; *le produit des racines est égal au terme tout connu divisé par le coefficient de* x^2, *c'est-à-dire à* $\dfrac{c}{a}$.

En effet, en désignant par x' et par x'' les deux racines de l'équation, en supposant qu'elles existent, on a :

$$x' = \frac{-b + \sqrt{b^2 - 4ac}}{2a}, \qquad x'' = \frac{-b - \sqrt{b^2 - 4ac}}{2a}$$

d'où l'on tire :

$$x' + x'' = -\frac{2b}{2a} = -\frac{b}{a}.$$

Multiplions maintenant les valeurs de x' et de x'' et remarquons que le numérateur de la première est la somme des quantités $-b$ et $\sqrt{b^2 - 4ac}$, et que le numérateur de la seconde est la différence de ces deux mêmes quantités ; nous aurons, par application d'une formule connue (62) :

$$x'x'' = \frac{(-b)^2 - (\sqrt{b^2 - 4ac})^2}{4a^4} = \frac{b^2 - (b^2 - 4ac)}{4a^2} = \frac{4ac}{4a^2} = \frac{c}{a}.$$

Les deux formules ainsi obtenues :

$$\begin{cases} x' + x'' = -\dfrac{b}{a}, \\[2mm] x'x'' = \dfrac{c}{a}, \end{cases}$$

sont ce que l'on appelle les *relations entre les coefficients et les racines*. Elles offrent ce caractère remarquable d'être *rationnelles* (50) par rapport aux coefficients.

Remarque. — Si l'équation du second degré est de la forme :

$$x^2 + px + q = 0,$$

les relations précédentes deviennent :

$$\begin{cases} x' + x'' = -p, \\ x'x'' = q. \end{cases}$$

Applications.—I. Connaissant une des racines, trouver l'autre. — Soit par exemple l'équation : $2x^2 + 3x - 5 = 0$, qui admet visiblement 1 pour racine. On obtiendra la seconde racine en divisant le produit des racines, qui d'après ce qui précède est égal à — 5, par la racine connue. La seconde racine est donc — 5.

II. Signes des racines de l'équation du second degré. Soit l'équation $x^2 + 5x - 100 = 0$. Elle admet certainement des racines, puisque **a** et **c** sont de signes contraires (ceci entraîne en effet : — $ac > 0$, et par conséquent : $b^2 - 4\,ac > 0$). Le produit des racines est — 100 : donc les racines sont de signes contraires.

Soit encore l'équation : $x^2 + 5x + 1 = 0$. Elle a des racines ($b^2 - 4ac = 21$). Le produit des racines est 1, donc elles sont toutes deux de même signe ; la somme dés racines est — 5 : donc elles sont toutes deux négatives.

On verrait de même que : $x^2 - 5x + 1 = 0$ admet deux racines positives.

Soit enfin l'équation : $x^2 - x + 1 = 0$. Elle n'a pas de racines, puisque $b^2 - 4ac = -3$. Dans ce cas la question n'a pas d'objet.

III. Trouver deux nombres, connaissant leur somme S et leur produit P.

Il résulte immédiatement du théorème fondamental que les racines de l'équation :

$$x^2 - Sx + P = 0$$

donnent une solution de la question ; car la somme de ces racines est S et leur produit P. Il est facile de démontrer qu'il n'y a pas d'autre solution.

Pour que cette solution existe, il faut que l'on ait : $S^2 - 4P \geqq 0$, ce qui peut s'écrire : $P \leqq \left(\dfrac{S}{2}\right)^2$; c'est-à-dire qu'il faut que *le produit donné soit au plus égal au carré de la moitié de la somme.*

Soit, par exemple, à trouver deux nombres dont la somme soit égale à 13 et dont le produit soit égal à 40. Ces deux nombres sont les racines de l'équation :

$$x^2 - 13x + 40 = 0.$$

En la résolvant, on trouve : $x' = 8$, $x'' = 5$. Les deux nombres cherchés sont donc 8 et 5.

IV. — PROBLÈMES DU SECOND DEGRÉ

215. PROBLÈME I. — *Trouver deux nombres qui aient pour différence 5 et pour produit 104.*

Soit x le plus petit nombre ; le plus grand sera $x + 5$. Leur produit $x(x + 5)$ est égal, d'après l'énoncé, à 104. On a donc l'équation :

$$x(x + 5) = 104,$$

ou :

$$x^2 + 5x - 104 = 0,$$

d'où (*formule 5*) :

$$x = \frac{-5 \pm \sqrt{25 + 4 \times 104}}{2},$$

$$= \frac{-5 \pm \sqrt{441}}{2} = \frac{-5 \pm 21}{2},$$

$$x' = \frac{-5 + 21}{2} = \frac{16}{2} = 8, \quad x'' = \frac{-5 - 21}{2} = \frac{-26}{2} = -13.$$

On a donc deux solutions : si l'on prend 8 pour le plus petit nombre, le plus grand sera $8 + 5$ ou 13 : le produit 8×13 est bien égal à 104.

Si l'on prend — 13 pour le plus petit nombre, le plus grand est $-13 + 5 = -8$: le produit $(-13) \times (-8)$ est bien encore égal à 104. Les nombres — 13 et — 8 répondent donc à la question, au point de vue algébrique, aussi bien que 8 et 13.

216. PROBLÈME II. — *Trouver un nombre tel que son carré surpasse le quintuple de ce nombre de 84.*

Soit x le nombre demandé, on a :

$$x^2 = 5x + 84,$$

d'où :

$$x^2 - 5x - 84 = 0,$$

$$x = \frac{5 \pm \sqrt{25 + 4 \times 84}}{2} = \frac{5 \pm \sqrt{361}}{2} = \frac{5 \pm 19}{2},$$

$$x' = 12, \qquad x'' = -7.$$

Les deux nombres 12 et — 7 satisfont aux conditions de l'énoncé.

217. PROBLÈME III. — *Un triangle a ses trois côtés egaux à 9, 13 et 17 mètres. On veut en faire un triangle rectangle en ajoutant une même longueur à chacun des côtés : quelle est cette longueur?*

Soit x cette longueur. Il faut exprimer que le triangle ayant pour côtés $9 + x$, $13 + x$, $17 + x$ est rectangle. Pour cela, écrivons (*Géom.*, 367) que le carré du plus grand côté est égal à la somme des carrés des deux autres :

$$(17 + x)^2 = (9 + x)^2 + (13 + x)^2.$$
$$289 + 34x + x^2 = 81 + 18x + x^2 + 169 + 26x + x^2.$$
$$x^2 + 10x - 39 = 0.$$
$$x = -5 \pm \sqrt{25 + 39} = -5 \pm \sqrt{64} = -5 \pm 8.$$
$$x' = 3, \qquad x'' = -13.$$

Pour $x = 3$, on a comme côtés du triangle rectangle : 12, 16 et 20. La solution négative ne convient pas.

EXERCICES SUR LE CHAPITRE XI.

CALCUL DES RADICAUX

Calculer de la manière la plus simple les expressions suivantes :

221. $\qquad\qquad \sqrt{24} + \sqrt{54} - \sqrt{6}.$

222. $\qquad (3 + \sqrt{5})\,(2 - \sqrt{5}).$

223. $\qquad (3 + \sqrt{2})^2 + (5 - \sqrt{2})^2 + 7\sqrt{2}.$

224. $8\sqrt{2}$ est-il plus grand ou plus petit que $5\sqrt{5}$?

225. $3 + \sqrt{7}$ est-il plus grand ou plus petit que $7 - \sqrt{3}$?

226. $\sqrt{20 + \sqrt{26}}$ est-il plus grand ou plus petit que 5 ?

227. $\sqrt{7} + \sqrt{23}$ est-il plus grand ou plus petit que $\sqrt{10} + \sqrt{19}$?

228. En partant du nombre 537, combien de racines carrées consécutives faudrait-il extraire pour trouver finalement à la racine un nombre inférieur à 2 ?

229. a étant un nombre quelconque plus grand que l'unité, vérifier que $\sqrt{a+1} + \sqrt{a-1}$ est toujours plus petit que $2\sqrt{a}$.

230. $\sqrt{6 - 2\sqrt{5}}$ est-il plus grand ou plus petit que $\sqrt{5} - 1$?

N.-B. — Tous les exercices précédents (de 222 à 230) doivent être résolus *sans aucune extraction de racine carrée*.)

231. Vérifier les identités :

$$\sqrt{A + \sqrt{A^2 - C^2}} = \sqrt{\frac{A + C}{2}} + \sqrt{\frac{A - C}{2}},$$

$$\sqrt{A - \sqrt{A^2 - C^2}} = \sqrt{\frac{A + C}{2}} - \sqrt{\frac{A - C}{2}}.$$

(On suppose $A > C > 0$.)

Simplifier les expressions irrationnelles suivantes .

232. $\qquad \dfrac{3}{\sqrt{2} + \sqrt{5} + \sqrt{7}}.$

233. $\qquad \dfrac{1}{\sqrt{2} + \sqrt{5} - \sqrt{8}}.$

234. $\qquad \dfrac{3 - 5\sqrt{2}}{7 + \sqrt{2}} + \dfrac{3 + 5\sqrt{2}}{7 - \sqrt{2}}.$

235.
$$\frac{\sqrt{2} + \sqrt{3}}{3\sqrt{2}} + \frac{\sqrt{3} - \sqrt{2}}{7\sqrt{3}}.$$

236.
$$\frac{2\sqrt{2} - \sqrt{2}}{\sqrt{2 + \sqrt{2}}}.$$

ÉQUATIONS DU SECOND DEGRÉ

Trouver les binômes qui, élevés au carré, donnent un développement dont les deux premiers termes sont :

237.
$$x^2 + 2x.$$

238.
$$x^2 - 2x.$$

239.
$$9x^2 - 7.$$

240.
$$a^2x^2 + 4bx.$$

Equations à résoudre :

241. $x^2 - 9 = 0$

242. $x^2 + 1 = 0$

243. $9x^2 - 25 = 0$

244. $x^2 + x = 0$

245. $(x - 1)(x - 2) = 0$

Par application d'une remarque faite plus haut (204), cette équation doit être résolue sans effectuer le premier membre.

246. Former une équation du second degré admettant pour racines 3 et 5 (214 *bis*).

247. Plus généralement, former une équation du second degré, admettant pour racines deux nombres donnés u, v.

Résoudre les équations :

248.
$$x^2 - 7x + 10 = 0.$$

249.
$$x^2 + 2x - 15 = 0.$$

250.
$$x^2 - 4x + 1 = 0.$$

251. $$2x^2 - 3x - 2 = 0.$$

252. $$2x^2 - 3x + 1 = 0.$$

253. $$3x^2 - 5x - 2 = 0.$$

254. $$5x^2 - 3x - 2 = 0.$$

255. $$8x^2 - 7x - 1 = 0.$$

256. $$5x^2 - 6x + 8 = 0.$$

257. $$35x^2 - 24x - 35 = 0.$$

258. $$\frac{1}{x-1} + \frac{1}{x-2} = \frac{7}{x-7}.$$

259. $$(3x + 7)^2 - (2x + 13)^2 = 0.$$

260. $$\frac{1}{x+1} + \frac{1}{x+2} = \frac{5}{6}.$$

261. $$\frac{1}{x+5} + \frac{1}{x+3} = \frac{1}{x+2} + \frac{1}{x+11}.$$

262. $$\frac{x^2}{5} + \frac{3x}{4} - \frac{25}{8} = 0.$$

263. $$10(x-4)(x-5) = 3(x-2)(x-3).$$

264. $$\frac{2}{3} x^2 + \frac{3}{5} x = 159.$$

265. $$\left(x - \frac{2}{3}\right)\left(x - \frac{3}{4}\right) = \frac{5}{24}.$$

266. $$\frac{x-2}{x-3} + \frac{x-3}{x-4} = \frac{7}{2}.$$

267. En résolvant une équation du second degré, on a trouvé comme racines : $x = \dfrac{3 \pm \sqrt{5}}{2}$. Reconstituer l'équation.

268. Etant donnée l'équation : $ax^2 + 2x - 5 = 0$, déterminer a de manière qu'une des racines soit égale à -10. Déterminer ensuite la seconde racine. — Dans la même équation, déterminer a : 1° de manière que les racines soient égales ; 2° de manière qu'il n'y ait pas de racines.

269. Résoudre : $x^2 - 2(a - b)x + a^2 - 2ab - 3b^2 = 0$.

270. $x^2 - 2a(a + b)x + (a + b)^3(a - b) = 0$.

271. $x^2 + (3a - 4b)x - 12ab = 0$.

272.
$$\frac{1}{a + b - x} + \frac{1}{x} = \frac{1}{a} + \frac{1}{b}.$$

PROBLÈMES DU SECOND DEGRÉ

273. Trouver un nombre tel que son carré le surpasse de 306.

274. Si l'on multiplie le tiers d'un certain nombre par son quart, et qu'on ajoute au produit le quintuple du nombre lui-même, le résultat surpasse d'autant le nombre 200 que le nombre lui-même est au-dessous de 280 : quel est ce nombre ?

275. Un marchand a trois pièces d'étoffe, dont la deuxième et la troisième contiennent 3 et 5 mètres de plus que la première ; le mètre d'étoffe de la première pièce coûte autant de francs qu'elle mesure de mètres ; le mètre de la deuxième coûte 10 francs de plus, et celui de la troisième 20 francs de plus que celui de la première ; les trois pièces sont estimées à 9.530 francs. Combien de mètres contient la première pièce ?

276. Un père, en mourant, avait laissé une somme de 46.800 francs à partager également entre ses enfants ; avant le moment du partage, deux enfants viennent à mourir, et chacun des enfants qui restaient reçoit 1.950 francs de plus qu'il n'aurait reçu sans cela. Combien le père avait-il d'enfants ?

277. Trouver un nombre tel que son carré augmenté de son cube donne une somme égale à 12 fois ce nombre.

278. Dans quel système de numération le nombre 527 s'écrit-il 645 ?

279. Un certain nombre s'écrit dans un certain système de numération 13.600 et le nombre double dans le même système s'écrit 30.500. Quel est la base du système? Comment s'écrirait le nombre dans le système décimal?

280. Touver deux nombres entiers consécutifs, connaissant leur produit 600 (*solution arithmétique et solution algébrique*).

281. Trouver deux nombres dont le produit soit 630 et le rapport $\dfrac{7}{10}$.

282. Trouver deux nombres entiers consécutifs, sachant que leur produit est égal à 930.

283. Trouver deux nombres différant de 2 unités et dont le produit soit 675.

284. Un particulier achète un terrain à bâtir et un champ contigu, qui ont ensemble une superficie de 1 hectare 56 ares. Le terrain à bâtir coûte 4.800 francs et le champ 3.500 francs, et le prix d'un mètre carré du terrain surpasse de 2 fr. 75 le prix du mètre carré du champ. Quels sont les prix du mètre carré du terrain et de l'hectare du champ?

285. L'escompte d'un billet de 2.460 francs est 67 fr. 75. Si l'échéance était rapprochée de 55 jours et le taux augmenté de 1,5 0/0, l'escompte resterait le même. Trouver le taux et l'échéance.

286. Une somme de 432 francs doit être partagée entre un certain nombre de pauvres. Trois des pauvres ayant disparu, il revient alors 2 francs de plus à chacun de ceux qui restent. Combien y avait-il primitivement de pauvres?

287. Un marchand de porcelaines a acheté pour une somme de 600 francs un certain nombre de vases tous au même prix. S'il avait payé 10 francs de moins par vase. il en aurait eu pour la même somme 2 de plus. Quel est le nombre des vases achetés?

288. Une personne possède 20.000 francs qu'elle a placés à des taux différents; la différence de ces taux est 0 fr. 75. La première somme. placée au taux le plus élevé, produit une rente de 630 francs, et la seconde, une rente de 360 francs. Calculer les deux sommes et les deux taux.

289. Deux capitaux valent ensemble 4.000 francs. L'un.

augmenté de ses intérêts pendant 3 mois, devient égal à 1.500 francs ; l'autre, augmenté de ses intérêts pendant 6 mois, devient égal à 2.600 francs, et ils sont placés au même taux. Quel est ce taux ?

290. Inscrire dans une circonférence de rayon r un triangle isocèle tel que la somme de sa base et de sa hauteur soit égale à une longueur donnée l.

291. Trouver les côtés d'un triangle rectangle, sachant que l'hypoténuse a 25 mètres de plus que le plus grand côté de l'angle droit et que la différence entre les deux côtés de l'angle droit est aussi 25 mètres.

292. La perpendiculaire abaissée du sommet de l'angle droit d'un triangle rectangle sur l'hypoténuse la partage en deux segments dont les longueurs sont $3^m,72$ et $7^m,41$. On demande de calculer, à $0^m,01$ près, les deux côtés de l'angle droit.

293. Le volume d'un tronc de pyramide est de $23^{mc},4$, sa base inférieure vaut $7^{mq},5$ et sa hauteur 6 mètres. Calculer sa base supérieure.

On trouvera pour cette base supérieure deux valeurs positives. Elles résolvent le problème proposé, l'une dans le cas où le tronc de pyramide considéré est un tronc de pyramide ordinaire, et l'autre quand c'est un tronc de pyramide de seconde espèce, c'est-à-dire formé par la réunion de deux pyramides opposées par le sommet.

294. Quelle doit être l'arête d'un cube pour que sa surface contienne autant de centimètres carrés que son volume contient de centimètres cubes ?

CHAPITRE XII

VARIATION DU TRINOME DU SECOND DEGRÉ
REPRÉSENTATION GRAPHIQUE

218. Variation de $y = x^2$. — Elle résulte immédia-tement de la remarque suivante : *le carré d'une quantité variable varie dans le même sens que cette quantité ou en sens inverse, suivant que cette quantité est positive ou négative.*

En effet, le carré d'un nombre, positif ou négatif, est le même que celui de sa valeur absolue (37). Si la quantité est positive, lorsqu'elle augmente, sa valeur absolue, et par suite son carré augmente également; si elle est négative, lorsqu'elle augmentent, sa valeur absolue diminue et par suite il en est de même de son carré.

Il résulte de là que si x croît de $-\infty$ à 0, y ou x^2 décroîtra de $+\infty$ à 0 ; x croissant ensuite de 0 à $+\infty$, y croîtra de 0 à $+\infty$. *La fonction passe donc par un minimum égal à 0 pour $x = 0$.*

La ligne figurative a la forme ci-contre. Elle est symétrique par rapport à OY, car à deux valeurs opposées de x correspondent des valeurs égales de y; et par conséquent à des points P, P′

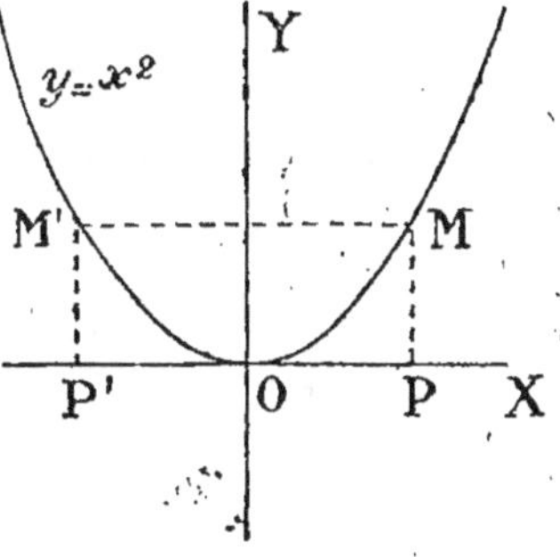

de OX équidistants du point 0 répondent des ordonnées

egales **PM, P'M'**. Les points de la courbe sont donc deux à deux symétriques par rapport à l'axe des **y**.

Variation de $y = ax^2$. — Elle se déduit immédiatement de la précédente. Suivant que **a** est positif ou négatif, la fonction varie toujours dans le même sens que x^2, ou toujours en sens contraire. La fonction admet donc, pour $x = 0$, dans le premier cas un minimum, dans le second cas un

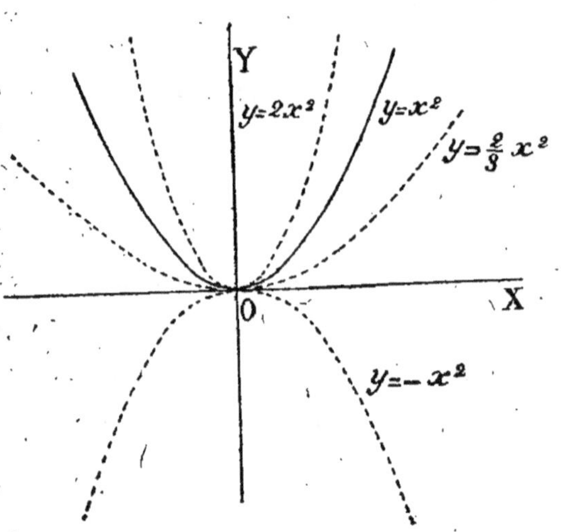

maximum, l'un ou l'autre égaux à zéro. Pour **a** positif, la courbe figurative est analogue à la précédente ; il est évident qu'elle passe au-dessus ou au-dessous de celle-ci suivant que **a** est supérieur ou inférieur à l'unité. On a figuré ci-contre, à titre d'exemples, les courbes qui correspondraient à $a = 2$ et à $a = \dfrac{2}{3}$. Pour **a** négatif, la courbe est au-dessous de **OX**. Ainsi, si l'on considère la fonction $y = -x^2$, la courbe qui la représente s'obtiendra simplement en retournant autour de l'axe des **x** celle qui correspond à $y = x^2$.

Variation de $y = ax^2 + bx + c$. — Pour étudier plus facilement cette fonction, nous la mettrons sous la forme :

$$\frac{y}{a} = \left(x^2 + \frac{b}{a}x + \frac{c}{a} \right),$$

ou, en remarquant que $x^2 + \dfrac{b}{a}\,x$ est le commencement

du carré de $\left(x + \dfrac{b}{2a}\right)$ dont le développement complet

est $x^2 + \dfrac{b}{a}\,x + \dfrac{b^2}{4a^2}$:

$$y = a\left(x^2 + \frac{b}{a}\,x + \frac{b^2}{4a^2} - \frac{b^2}{4a^2} + \frac{c}{a}\right),$$

ou enfin :

$$y = a\left(x + \frac{b}{2a}\right)^2 + \frac{4ac - b^2}{4a^2}.$$

La méthode consiste à étudier successivement les variations de $\left(x + \dfrac{b}{2a}\right)^2$, de $a\left(x + \dfrac{b}{2a}\right)^2$ et enfin de y.

$x + \dfrac{b}{2a}$ varie toujours dans le même sens que x.

$\left(x + \dfrac{b}{2a}\right)^2$ varie dans le même sens que $x + \dfrac{b}{2a}$ ou en sens contraire, — et par conséquent dans le même sens que x ou en sens contraire, — suivant que $x + \dfrac{b}{2a}$ est positif ou négatif, c'est-à-dire suivant que l'on a :

$$x > -\frac{b}{2a} \qquad \text{ou} \qquad x < -\frac{b}{2a}.$$

$\left(x + \dfrac{b}{2a}\right)^2$ est donc une fonction décroissante dans l'intervalle $\left(-\infty, -\dfrac{b}{2a}\right)$ $\Big($c'est-à-dire quand x croît de $-\infty$ à $-\dfrac{b}{2a}\Big)$ et croissante dans l'intervalle $\left(-\dfrac{b}{2a}, +\infty\right)$.

La fonction $y = a\left(x + \dfrac{b}{2a}\right)^2$ se comportera de la même manière si a est > 0; si a est < 0, les résultats sont à renverser.

Enfin la fonction y se déduit de la précédente par l'addition de la constante $\dfrac{4ac - b^2}{4a}$ et par conséquent varie toujours dans le même sens que celle-ci.

Ces remarques nous conduisent immédiatement aux deux tableaux suivants, le premier correspondant au cas où a est positif, le second cas où a est négatif. Le signe $\nearrow$ indique que la fonction est croissante, le signe $\searrow$ qu'elle est décroissante :

$$a > 0$$

x	$-\infty$		$-\dfrac{b}{2a}$		$+\infty$
y	$+\infty$	$\searrow$	$\dfrac{4ac - b^2}{4a}$ min.	$\nearrow$	$+\infty$

$$a < 0$$

x	$-\infty$		$-\dfrac{b}{2a}$		$+\infty$
y	$-\infty$	$\nearrow$	$\dfrac{4ac - b^2}{4a}$ max.	$\searrow$	$-\infty$

La première figure se rapporte au cas où a est positif; la seconde correspond à a négatif. La courbe peut, suivant les cas, *couper* l'axe des x en deux points, ou *toucher* cette droite en un point, ou enfin n'avoir aucun point commun avec elle.

Remarque. — Deux valeurs de x équidistantes de $-\dfrac{b}{2a}$, c'est-à-dire deux valeurs de la forme $-\dfrac{b}{2a} \pm h$, où h est un nombre quelconque, font acquérir à y la même valeur, à savoir : $ah^2 + \dfrac{4ac - b^2}{4a}$, comme on le vérifie immédiatement. Par un raisonnement analogue à celui qui a été fait plus haut, il en résulte que la courbe figurative admet pour *axe de symétrie* la parallèle à l'axe des y menée par le point **A** de l'axe des **x** dont l'abscisse est égale à $-\dfrac{b}{2a}$.

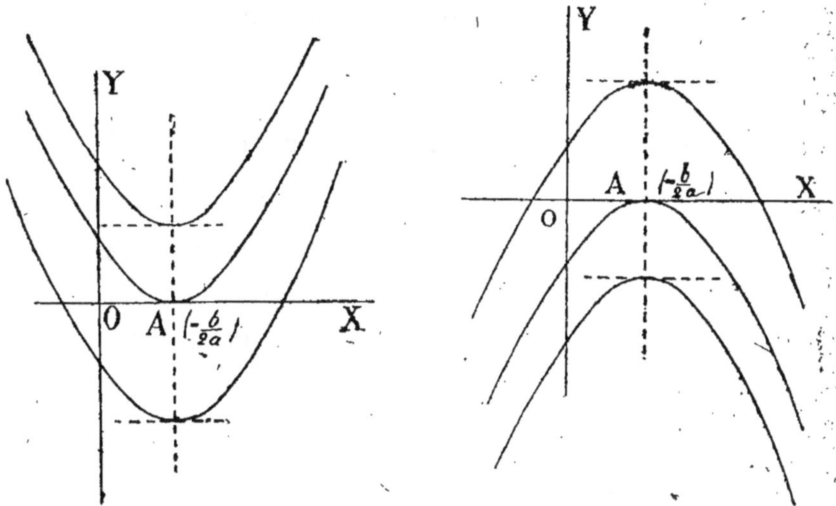

Comme cas particulier, $-\dfrac{b}{2a}$ est la demi-somme des racines de l'équation : $ax^2 + bx + c = 0$, *lorsque ces racines existent*, c'est-à-dire la demi-somme des valeurs de **x** qui font acquérir au trinôme la valeur *zéro*.

L'étude qui précède peut être résumée dans le théorème suivant :

THÉORÈME. — *Suivant que* **a** *est positif ou négatif, le trinôme du second degré :*

$$y = ax^2 + bx + c,$$

admet un minimum ou un maximum. Ce minimum ou

ce maximum est toujours atteint pour $x = -\dfrac{b}{2a}$ *et a*

pour valeur $\dfrac{4ac - b^2}{4a}$. *Dans le premier cas, la fonction*

part de $+\infty$ *pour revenir à* $+\infty$; *dans le second cas,*
elle part de $-\infty$ *pour revenir à* $-\infty$.

VARIATIONS DE $\dfrac{1}{x}$ ET DE $\dfrac{a}{x}$.

Soit d'abord $y = \dfrac{1}{x}$. Avant tout il est nécessaire

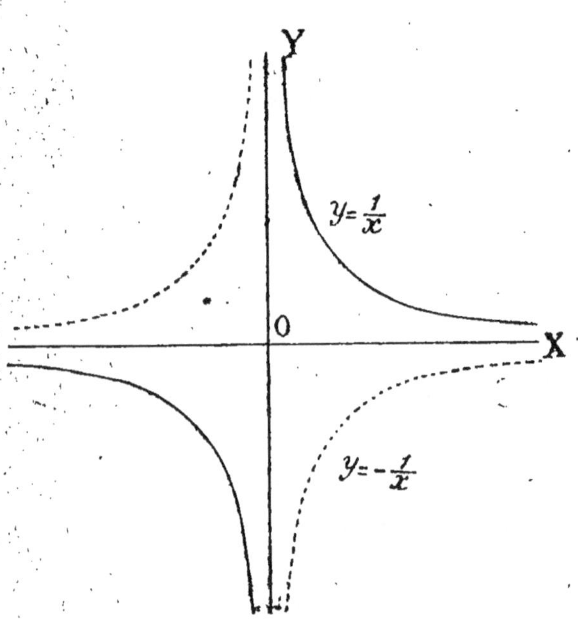

d'observer que *la fonction n'existe pas pour* $x = 0$. En effet, pour obtenir sa valeur, on serait conduit à diviser **1** par **0**, ce qui est impossible (43).

A cette remarque on peut en joindre une autre non moins importante : supposons qu'on donne à x des valeurs *de plus en plus voisines* de **0**, soit positives, soit négatives. L'inverse de x, c'est-à-dire y, deviendra *de plus en plus grand* en valeur absolue, de manière à dépasser **tout** nombre donné d'avance, quel qu'il soit. Par exemple, si x reçoit les valeurs successives : 0,1 puis 0,01, puis 0,001, etc., y deviendra successivement égal à 10, 100, 1.000, etc… C'est ce que l'on exprime en disant que y *croît indéfiniment*, ou *tend vers* $+ \infty$, lorsque x *tend vers zéro* par valeurs positives ; de même, x tendant vers zéro par valeurs négatives, y tendra vers $- \infty$.

Rendons-nous compte maintenant du sens de variation de la fonction dans les intervalles où elle existe, c'est-à-dire quand on fait croître x de $- \infty$ à $- h$, ou de $+ h$ à $+ \infty$, h désignant une quantité positive aussi petite que l'on veut (ceci afin d'éviter de donner à x la valeur *singulière* zéro).

La réponse est immédiate : lorsqu'un nombre augmente, son inverse diminue ; et cela, que le nombre soit positif ou négatif. C'est ce que l'on reconnaît bien aisément en donnant à x une suite de valeurs croissantes telles que 3, 4, 5,… ou bien $- 5$, $- 4$, $- 3$,… Donc *la fonction x est toujours décroissante.*

Enfin on reconnaît que pour de *très grandes* valeurs de x. y est *très petit* en valeur absolue (et toujours du même signe que x) : autrement dit, y *tend vers zéro quand* x *tend vers* $\pm \infty$.

Ces différents renseignements permettent de tracer la courbe figurative ci-contre.

Il résulte de ce qui précède que la courbe s'approche indéfiniment de **OX** *sans jamais l'atteindre* ; de même pour **OY**. **OX** et **OY** sont dites les **asymptotes** de la courbe.

La courbe ponctuée représente la variation de la fonction $- \dfrac{1}{x}$, qui se déduit immédiatement de la précédente. Cette fonction est *toujours croissante*. Les deux courbes sont symétriques l'une de l'autre par rapport à **OX**.

Enfin, d'après une remarque déjà utilisée plusieurs fois, la fonction $\dfrac{a}{x}$, où a désigne une constante, est *décroissante* ou *croissante* suivant que a est *positif* ou *négatif*. Les courbes figuratives ont une allure tout à fait analogue aux précédentes. Elles admettent également comme asymptotes les deux axes de coordonnées.

EXERCICES SUR LE CHAPITRE XII.

Etudier les variations des trinômes suivants :

295. $3x^2$ **296.** $-5\ x^2$ **297.** $(x-3)^2$ **298.** $-(x+2)^2$ **299.** $7\ (x+1)^2$ **300.** $-5\ (x-4)^2$ **301.** x^2-2x+2 **302.** $-2x^2+5x$ **303.** $3x^2+7$.

304. Etudier la variation du produit de deux nombres dont la somme est égale à 20 (x désignant un des facteurs, l'autre sera : $20-x$).

305. Déterminer les constantes a et b de manière que $y = ax^2 + bx$ ait, pour $x = 2$, un maximum égal à $+1$.

306. Déterminer un trinôme du second degré qui ait un minimum égal à 0 pour $x = 0$ et qui prenne la valeur 3 pour $x = 2$.

307. Déterminer un trinôme ayant un maximum égal à 3 pour $x = -2$ et qui s'annule en même temps que x.

308. Quelle est la forme générale des trinômes du second degré qui ont un maximum ou un minimum égal à 0, sans autre condition ?

309. Déterminer un trinôme du second degré qui prenne, pour $x = 1$, la valeur -1, pour $x = 2$, la valeur -2, et pour $x = 3$, la valeur 3.

310. Pourrait-on se servir du graphique de la fonction : $y = x^2$ pour extraire la racine carrée d'un nombre avec **une** certaine approximation ?

311. Déterminer les coordonnées des points d'intersection de la courbe : $y = x^2 - 5x$ avec la droite : $y = ax$. — Quelle valeur faut-il donner à a pour **que ces deux lignes** n'aient qu'un point commun ?

312. Même question pour la courbe représentative de $y = \dfrac{x}{1}$ et pour la droite qui a pour équation : $x + 4y = 2a$.

313. Montrer que la courbe qui a pour équation : $y = \dfrac{a}{x}$ a pour centre l'origine des coordonnées.

CHAPITRE XIII

PROGRESSIONS ARITHMÉTIQUES ET GÉOMÉTRIQUES

I. — PROGRESSIONS ARITHMÉTIQUES

219. Définition. — On appelle **progression arithmétique** une suite de nombres tels que chacun d'eux soit égal au précédent augmenté d'une quantité constante, positive ou négative, qu'on appelle la **raison de la progression**.

Les nombres 3, 5, 7, 9 constituent une progression arithmétique dont la raison est 2.

220. Une progression arithmétique est **croissante** lorsque la **raison** est positive. Ex. : 3, 5, 7, 9...

Une progression arithmétique est **décroissante** quand la raison est négative. Ex. : 15, 11, 7, 3...

221. On écrit généralement une progression arithmétique en faisant précéder son premier terme du signe $\div$ et en séparant les termes consécutifs par un point.

Ex. :

$$\div 3 \cdot 5 \cdot 7 \cdot 9 \cdot 11 \cdot 13$$
$$\div 19 \cdot 15 \cdot 11 \cdot 7 \ldots$$

222. PROBLÈME. — *Connaissant le premier terme et la raison d'une progression arithmétique, calculer un terme de rang déterminé.*

Soient **a** le premier terme de la progression et **r** la raison. D'après la définition :

Le 2ᵉ terme est égal au 1ᵉʳ augmenté de **r**, ou à $a + r$;

3ᵉ	—	2ᵉ	—	$a + 2r$;
4ᵉ	—	3ᵉ	—	$a + 3r$;
5ᵉ	—	4ᵉ	—	$a + 4r$,

et ainsi de suite. De ce qui précède on peut conclure, par induction, qu'*un terme quelconque de la progression est égal au premier augmenté d'autant de fois la raison qu'il y a de termes avant lui.*

Si donc on désigne par **l** le terme de rang **n**, comme il en a **n — 1** avant lui, la règle précédente conduit à la formule :

$$l = a + (n - 1)\, r.$$

223. Applications. — *1° Calculer le 16ᵐᵉ terme de la progression :*

$$\div 3.5.7.9.11\ldots$$

La raison est 2. On a alors :

$$l = 3 + 15 \times 2 = 33.$$

2° Calculer le 22ᵐᵉ terme de la progression :

$$\div 612.609.606.603\ldots$$

La raison est — 3. On a donc :

$$l = 612 - 21 \times 3 = 549.$$

224. THÉORÈME. — *Dans toute progression arithmétique limitée, **la somme de deux termes équidistants des***

extrêmes est constante et égale à la somme des extrêmes.

D'abord, nous appelons *termes équidistants des extrêmes* deux termes tels que, si l'un, d, en a p avant lui, l'autre, d', en ait p après lui.

Ceci posé, la progression étant :

$$\div a \,.\, b \,.\, c \,.\, \ldots\ldots \,.\, h \,.\, k \,.\, l,$$

le premier, qui en a p avant lui, a pour valeur (222) :

$$d = a + pr,$$

en appelant r la raison de la progression. Pour évaluer le second, remarquons que, si on renverse la progression, on obtient encore une progression arithmétique, mais de raison $- r$:

$$\div l \,.\, k \,.\, h \,.\, \ldots\ldots \,.\, c \,.\, b \,.\, a.$$

Le terme d', qui, dans la progression ainsi écrite, en a p avant lui, a pour valeur :

$$d' = l - pr.$$

On en conclut :

$$d + d' = a + pr + l - pr$$
$$= a + l,$$

C. Q. F. D.

225. PROBLÈME. — *Calculer la somme des termes d'une progression arithmétique limitée.*

Soit :

$$\div a \,.\, b \,.\, c \,.\, \ldots\ldots \,.\, h \,.\, k \,.\, l$$

la progression considérée, dont j'appelle n le nombre des termes. La somme à calculer est :

$$S = a + b + c + \ldots\ldots + h + k + l.$$

On peut aussi écrire, en renversant l'ordre des termes :

$$S = l + k + h + \ldots + c + b + a.$$

Ajoutons membre à membre ces deux égalités, en réunissant les termes de même rang :

$$2S = (a + l) + (b + k) + (c + h) + \ldots + (h + c) + (k + b) + (l + a).$$

Chaque parenthèse représente la somme de deux termes à égale distance des extrêmes ; donc chaque parenthèse est égale à $(a + l)$, et, comme il y a autant de parenthèses que de termes dans la progression, c'est-à-dire n, on peut écrire :

$$2S = (a + l)\,n,$$
$$S = \frac{(a + l)\,n}{2},$$

formule qu'on peut ainsi traduire en langage ordinaire : *La somme des termes d'une progression arithmétique est égale à la demi-somme des termes extrêmes, multipliée par le nombre des termes.*

226. Applications. — *1° Trouver la somme des n premiers nombres entiers.*

C'est la somme des termes d'une progression arithmétique de n termes, commençant par 1 et finissant par n. On a immédiatement, par application de la formule précédente :

$$S = \frac{n\,(n + 1)}{2}.$$

Par exemple, pour $n = 100$, on a :

$$S = \frac{100 \cdot 101}{2} = \frac{10100}{2} = 5050.$$

2° *Trouver la somme des 16 premiers termes de la progression :*

$$\div 3 . 5 . 7 . 9 . 11 \dots$$

On a d'abord, en appelant l le 16me terme :

$$l = 3 + 15 \times 2 = 33.$$

On en déduit :

$$S = \frac{(3 + 33) \times 16}{2} = 288.$$

3° *Trouver la somme des 22 premiers termes de la progression :*

$$\div 612 . 609 . 606 \dots$$

On a ici, en appelant l le 22me terme :

$$l = 612 - 21 \times 3 = 549$$

et

$$S = \frac{(612 + 549) \times 22}{2} = 12771.$$

227. Remarque. — Les formules :

$$l = a + (n - 1)r,$$
$$S = \frac{(a + l)n}{2}$$

établissent deux relations entre les cinq quantités a, l, r, n, S. Ces deux relations permettent de calculer deux quelconques de ces cinq quantités, quand on connaît les trois autres : d'où dix problèmes distincts. Parmi ces problèmes, quelques-uns conduisent à des équations du premier degré, les autres à une équation du second degré (voir exercice 7).

228. PROBLÈME. — *Insérer* n *moyens arithmétiques entre deux nombres donnés* a *et* l.

Nous entendons par là : *former une progression arithmétique commençant par* a, *finissant par* l, *et ayant* $n + 2$ *termes*.

L'inconnue est évidemment la raison de la progression. En la désignant par r, et remarquant que, si l'on suppose la progression formée, le terme l en a $n + 1$ avant lui, on a l'équation :

$$l = a + (n + 1)\,r,$$

d'où

$$r = \frac{l - a}{n + 1}.$$

La progression sera donc :

$$a, \quad a + \frac{l - a}{n + 1}, \quad a + \frac{2\,(l - a)}{n + 1}, \dots a + \frac{n\,(l - a)}{n + 1}, \quad l.$$

229. Remarque. — Si entre les termes successifs d'une progression arithmétique on insère un même nombre n de moyens arithmétiques, les moyens insérés et les termes de la progression donnée forment une seule et même progression.

Cela résulte immédiatement de ce que toutes les progressions partielles ainsi obtenues ont des raisons égales, puisque :

$$\frac{b - a}{m + 1} = \frac{c - b}{m + 1} = \frac{d - c}{m + 1} = \dots = \frac{r}{m + 1},$$

en appelant r la raison de la progression donnée. De plus, le dernier terme de chacune d'elles est le premier terme de la suivante : elles ne forment donc par leur ensemble qu'une seule progression arithmétique.

II. — PROGRESSIONS GÉOMÉTRIQUES

230. Définition. — On appelle **progression géométrique** une suite de nombres tels que chacun d'eux soit égal au précédent multiplié par une quantité constante qu'on appelle la **raison** de la progression.

Les nombres 3, 9, 27, 81 forment une progression géométrique dont la raison est 3.

231. Une progression géométrique est **croissante** lorsque la raison est plus grande que l'unité. Ex. : 1, 3, 9, 27, 81, …

Une progression géométrique est **décroissante** lorsque la raison est plus petite que l'unité. Ex. : 32, 16, 8, 4, 2, …

232. On écrit généralement une progression géométrique en faisant précéder son premier terme du signe $\div$ et en séparant deux termes consécutifs par deux points.

Ex. :

$$\div 1 : 3 : 9 : 27 : 81 : \ldots$$
$$\div 32 : 16 : 8 : 4 : 2 : \ldots$$

233. PROBLÈME. — *Connaissant le premier terme et la raison d'une progression géométrique, calculer un terme de rang déterminé.*

Soient a le premier terme de la progression et q la raison. D'après la définition :

Le 2ᵉ terme est égal au 1ᵉʳ multiplié par q, ou à aq ;

3ᵉ — 2ᵉ —		aq^2 ;
4ᵉ — 3ᵉ —		aq^3 ;
5ᵉ — 4ᵉ —		aq^4,

et ainsi de suite. De ce qui précède on peut conclure,

par induction, qu'*un terme quelconque de la progression est égal au premier multiplié par une puissance de la raison ayant pour exposant le nombre des termes qui précèdent celui-là.*

Si donc on désigne par l le terme de rang **n**, comme il en a **n — 1** avant lui, la règle précédente conduit à la formule :

$$l = aq^{n-1}.$$

234. Applications. — *1° Calculer le 6ᵐᵉ terme de la progression :*

$$\div 4 : 12 : 36 : 108 : \ldots$$

La raison est 3. On a alors :

$$l = 4 \times 3^5 = 972.$$

2° Calculer le 5ᵐᵉ terme de la progression :

$$\div 20 : 4 : \frac{4}{5} : \frac{4}{25} : \cdots$$

La raison est $\frac{1}{5}$. On a donc :

$$l = 20 \times \left(\frac{1}{5}\right)^4 = \frac{4}{125}.$$

235. Remarque. — Dans une progression arithmétique, si l'on retranche chaque terme de celui qui le suit, toutes ces différences sont égales entre elles par définition, et leur valeur commune n'est autre que la raison de la progression.

Mais, si nous considérons une progression géométrique :

$$\div a : aq : aq^2 : aq^3 : aq^4 : \ldots$$

et que nous formions les différences des termes consécutifs :

$$aq - a, \qquad aq^2 - aq, \qquad aq^3 - aq^2, \qquad aq^4 - aq^3, \ldots$$

en remarquant que ces différences peuvent s'écrire :

$$a(q - 1), \qquad aq(q - 1), \qquad aq^2(q - 1), \qquad aq^3(q - 1), \ldots$$

on voit qu'elles forment une seconde progression géométrique de même raison que la première.

Il est évident que, dans une progression arithmétique croissante, les termes grandissent indéfiniment à mesure qu'on s'avance dans la progression.

Il est facile d'en conclure que, dans une progression géométrique croissante, la même circonstance se produit. Nous venons de montrer en effet que les différences des termes consécutifs forment elles-mêmes une progression géométrique ayant même raison que la première, et par conséquent croissante. Or, si ces différences restaient seulement constantes, comme dans une progression arithmétique, les termes augmenteraient indéfiniment ; les différences allant en augmentant, la conclusion subsiste, à plus forte raison.

236. PROBLÈME. — *Calculer la somme des termes d'une progression géométrique limitée.*

Soit :

$$\div\; a : b : c : \ldots\ldots : h : k : l$$

la progression considérée, dont j'appelle q la raison. La somme à calculer est :

$$(1) \qquad S = a + b + c + \ldots\ldots + h + k + l.$$

Multipliant par q les deux membres de cette égalité, il vient :

$$Sq = aq + bq + cq + \ldots\ldots + hq + kq + lq;$$

si on remarque que :

$$aq = b, \quad bq = c, \quad ....., \quad hq = k, \quad kq = l,$$

cette égalité devient :

$$(2) \quad Sq = b + c + d + ... + k + l + lq.$$

Retranchons membre à membre l'égalité (1) de l'égalité (2) :

$$Sq - S = lq - a,$$

ou :

$$S(q - 1) = lq - a,$$

d'où :

$$S = \frac{lq - a}{q - 1}.$$

237. Cette formule donne l'expression de la somme demandée en fonction du premier terme, du dernier terme et de la raison. En remplaçant dans cette formule l par aq^{n-1}, on en déduit :

$$S = \frac{a(q^n - 1)}{q - 1},$$

qui donne S en fonction des quantités a, q, n.

238. Application. — *Calculer la somme des 10 premiers termes de la progression :*

$$\div\ 2 : 6 : 18 : 54 : ...$$

Appliquons la dernière formule en y faisant :

$$a = 2, q = 3, n = 10 :$$

$$S = \frac{2(3^{10} - 1)}{3 - 1} = 59048.$$

239. Remarque. — Si on veut calculer la somme des termes d'une progression géométrique décroissante, on a l'habitude de changer les signes des deux termes de la formule et d'écrire :

$$S = \frac{a(1 - q^n)}{1 - q}.$$

240. PROBLÈME. — *Insérer **n** moyens géométriques entre deux nombres donnés **a** et l.*

Nous entendons par là : former une progression géométrique commençant par **a**, finissant par **l**, et ayant $n + 2$ termes.

L'inconnue est évidemment la raison de la progression. En la désignant par **q**, et remarquant que, si l'on suppose la progression formée, le terme **l** en a $n + 1$ avant lui, on a l'équation :

$$l = aq^{n+1},$$

d'où :

$$q^{n+1} = \frac{l}{a}$$

$$q = \sqrt[n+1]{\frac{l}{a}}.$$

241. Remarque. — Si entre les termes successifs d'une progression géométrique on insère un même nombre **n** de moyens géométriques, les moyens insérés et les termes de la progression donnée forment une seule et même progression. C'est ce qu'on montrerait par un raisonnement identique à celui qui a été présenté à propos des progressions arithmétiques (229).

EXERCICE SUR LE CHAPITRE XIII.

PROGRESSIONS ARITHMÉLIQUES

314. Quel est le 23ᵉ terme de la progression arithmétique dont le premier terme est le 8 et la raison 13 ?

315. Quel est le 10e terme d'une progression arithmétique dont le premier terme est 390 et la raison — 6?

316. Trouver la somme de 12 nombres entiers consécutifs à partir de 24.

317. Touver la formule qui donne la somme des n premiers nombres impairs.

318. Une personne a dépensé dans un jour 3 fr. 40; le lendemain 0 fr. 20, de plus, et ainsi de suite : combien a-t-elle dépensé le seizième jour, et pendant tout ce temps?

319. On donne à un ouvrier, pour creuser un puits de 20 mètres de profondeur, 2 francs pour le premier mètre, et 1 fr. 50 de plus pour chaque mètre suivant. Combien lui donnera-t-on pour le dernier mètre et pour tout l'ouvrage?

320. Un débiteur doit payer à son créancier une somme de 800 francs, qui doit être acquittée par portions, au moyen de payements mensuels, 20 francs le premier mois, et en augmentant à chaque mois d'une même somme, de sorte que le dernier payement soit de 80 francs; dans combien de mois aura-t-il achevé de payer, et quelle est la somme qu'il doit donner de plus chaque mois?

321. Un lord anglais, sur le point d'engager un domestique, lui donne le choix entre ces deux combinaisons : ou bien, lui dit-il, vous recevrez 20 livres la première année, et vous serez augmenté de 2 livres tous les ans ; ou bien vous recevrez 10 livres le premier semestre, et vous serez augmenté d'une demi-livre tous les semestres. Quelle est la combinaison la plus avantageuse pour le domestique? (On pourra comparer, après les avoir calculées, les sommes qu'il aurait reçues au bout de n années dans l'un et dans l'autre cas).

322. Une personne s'est acquittée d'une dette de 1860 francs en un certain nombre de paiements qui ont successivement augmenté de 5 francs. Le premier paiement a été de 10 francs. On demande : 1° à combien s'élève le dernier paiement; 2° quel a été le nombre des paiements.

323. On considère la progression arithmétique décroissante formée par des nombres impairs, dont le premier est 13 : combien faut-il prendre de termes dans cette progression, à partir du premier, pour obtenir une somme égale à 40? Rendre compte de l'existence d'une double solution.

PROGRESSIONS GÉOMÉTRIQUES

324. Un joueur expose 1 franc et le perd ; il joue quitte ou double et perd encore ; il continue ainsi et perd 15 fois de suite : quelle est sa perte finale ?

325. Un jeune homme se préparait à un examen. Son père, pour l'encourager, lui demanda ce qu'il désirait en récompense. « Mon examen devant avoir lieu le 16 juin, répondit-il, donnez-moi 1 centime le 1er juin, 2 centimes le lendemain, 4 centimes le surlendemain et ainsi de suite, en doublant chaque jour jusqu'au 16 inclusivement. J'emploierai cet argent à faire un voyage. » Trouver la somme dont disposa le jeune homme.

326. On construit un carré de 6 mètres de côté, puis on joint les milieux des côtés, ce qui donne un second carré ; on joint ensuite les milieux des côtés du second carré et ainsi de suite, jusqu'à ce qu'on ait tracé en tout 6 carrés. On demande de calculer la somme des aires des 6 carrés ainsi formés.

327. Trouver le neuvième terme d'une progression géométrique dont le premier terme est 5 et la raison 4, et la somme de ces neuf termes.

328. En adoptant les notations de l'ouvrage (230-241), on suppose $a = 6\frac{1}{4}$, $q = \frac{3}{2}$, $n = 8$: trouver le dernier terme et la somme de la progression.

329. $a = 1$, $q = 2$, $s = 127$: trouver le dernier terme l.

CHAPITRE XIV

THÉORIE ET USAGE DES LOGARITHMES

242. Définition. — Considérons deux progressions, l'une géométrique commençant par l'unité, l'autre arithmétique commençant par zéro. Les termes de la progression arithmétique sont dits les **logarithmes** des termes de même rang de la progression géométrique. L'ensemble de ces deux progressions :

$$\div\ 1 : q : q^2 : \ldots : q^m : \ldots$$
$$\div\ 0 . r . 2r . \ldots . mr . \ldots$$

définit un **système de logarithmes** (on suppose généralement $q > 1$ et $r > 0$).

Ainsi, dans ce système, le logarithme d'une puissance de la raison q de la progression géométrique s'obtient en multipliant la raison r de la progression arithmétique par l'exposant de la puissance.

243. Remarques. — Dans une progression géométrique commençant par 1, tous les termes sont des *puissances* de la raison. Dans une progression arithmétique commençant par zéro, tous les termes sont des *multiples* de la raison.

Il résulte de là que le produit de deux termes de la progression géométrique est un terme de la même progression. De même, la somme de deux termes de la progression arithmétique est un terme de cette progression. De plus, si on fait le produit de deux termes, q^m, q^n, de la progression géométrique, et la somme des deux termes de même rang, mr, nr, de la progression arithmétique, les résultats obtenus sont deux termes de même rang des deux progressions : q^{m+n} et $(m + n)\,r$.

244. A mesure qu'on avance dans la progression géométrique, les intervalles des termes grandissent (voir **235**), de sorte que les nombres dont les logarithmes se trouvent définis deviennent de plus en plus rares.

Montrons d'abord comment on peut multiplier à volonté le nombre des nombres dont le logarithme se trouve défini.

245. Extension de la définition précédente. — Cette extension se réalise par le procédé de l'*insertion des moyens* **228, 240**).

Dans les intervalles des termes des deux progressions fondamentales, insérons un même nombre $(p-1)$ de moyens, p et par suite $(p-1)$ étant arbitraires : nous aurons deux nouvelles progressions dans lesquelles les termes des deux progressions primitives se correspondront encore.

En effet, je rappelle d'abord (**229, 241**) que, si entre les termes successifs d'une progression, soit arithmétique, soit géométrique, on insère un certain nombre $(p-1)$ de moyens, les différentes progressions partielles ainsi obtenues forment une seule et même progression. Ici, la raison de la progression géométrique nouvelle sera $\sqrt[p]{q}$, celle de la progression arithmétique nouvelle sera $\dfrac{r}{p}$ (voir **228, 240**). Dans ces progressions nouvelles, les termes q et r occuperont le rang $p+1$, les termes q^2 et $2r$ le rang $2p+1$, etc. Donc les termes des deux progressions primitives se correspondront encore. Nous continuerons à dire que les termes de la progression arithmétique nouvelle sont les **logarithmes** des termes de même rang de la progression géométrique : les nombres qui faisaient partie de la progression géométrique primitive conserveront les mêmes logarithmes, seulement la définition sera étendue à une série de nombres plus rapprochés.

Si l'on imagine que le nombre des moyens insérés, $p-1$, grandisse, la raison $\sqrt[p]{q}$, supérieure à 1, se rapproche de plus en plus de l'unité, et les termes de la progression géométrique vont en se resserrant de plus en plus.

Il en est de même dans la progression arithmétique : la raison $\frac{r}{p}$ se rapproche de plus en plus de zéro, et les différences des termes consécutifs vont en diminuant sans cesse. Ceci posé, on démontre le théorème suivant :

246. THÉORÈME. — *On peut prendre p assez grand pour que la différence de deux termes consécutifs d'un rang quelconque de chacune des progressions soit plus petite qu'un nombre h aussi petit qu'on voudra.*

En d'autres termes, le nombre des moyens insérés peut être supposé assez considérable pour que les termes des deux progressions nouvelles, soit géométrique, soit arithmétique, croissent par degrés insensibles ([1]).

Nous omettons la démonstration de ce théorème, dont il nous suffira de concevoir l'application à l'établissement d'une table de logarithmes.

247. Logarithme approché d'un nombre quelconque. — Etant donné alors un nombre quelconque **x**, ne faisant pas partie de la nouvelle progression géométrique, ce nombre tombera entre deux termes de la progression dont les logarithmes ont une différence moindre que **h**. En prenant l'un ou l'autre pour logarithme de **x**, on peut dire que ce logarithme est connu avec une erreur plus petite que **h**.

248. Logarithme exact. — Si l'on supposait enfin que l'on continuât l'insertion *indéfiniment*, les deux *logarithmes approchés* dont il est question auraient entre eux une différence de plus en plus petite et tendraient l'un et l'autre vers une

---

([1]) Ajoutons immédiatement, toutefois, que ce théorème n'est vrai, pour la progression géométrique, que si on limite la progression, c'est-à-dire si on ne considère que les termes plus petits qu'un nombre arbitraire, mais fixe, **L**. Nous savons en effet que, si l'on s'avance indéfiniment dans une progression géométrique croissante, si lentement que ses termes croissent au début, leurs différences vont en augmentant, et augmentent même indéfiniment : car les différences des termes consécutifs forment elles-mêmes, comme il a été remarqué (**231**), une progression géométrique.

limite fixe. C'est cette limite qui représente le **logarithme exact** de x, et que nous désignerons par la notation log x.

249. Logarithmes des nombres plus petits que 1. — Si l'on imagine que les deux progressions du système soient prolongées *vers la gauche*, c'est-à-dire la progression géométrique au-dessous de 1, la progression arithmétique au-dessous de 0, la première contiendra tous les nombres positifs plus petits que 1 avec l'approximation que l'on voudra (on suppose qu'on ait inséré autant de moyens qu'il faut pour cela) : les termes de même rang de la progression arithmétique seront encore appelés les **logarithmes** des termes de celle-là.

q et r désignant les raisons des deux progressions que nous considérons, **en les prolongeant vers la gauche on a le système :**

$$\ldots : \frac{1}{q^n} : \ldots : \frac{1}{q^2} : \frac{1}{q} \div 1 : q : q^2 : \ldots : q^m : \ldots$$
$$-nr \ldots \ldots -2r \, . \, -r \div 0 \, . \, r \, . \, 2r \ldots \ldots mr \ldots$$

Comme on le voit, *le logarithme d'un nombre plus petit que 1 est négatif*, et, lorsque le nombre se rapproche de plus en plus de zéro, la valeur absolue du logarithme augmente indéfiniment.

250. *Quant aux nombres négatifs, ils n'ont pas de logarithmes.*

PROPRIÉTÉS FONDAMENTALES DES LOGARITHMES

251. THÉORÈME. — *Le logarithme d'un produit de deux facteurs est égal à la somme des logarithmes des facteurs.*

Il faut démontrer que l'on a, d'une façon générale :

$$\log ab = \log a + \log b,$$

a et b étant deux nombres (positifs) quelconques.

Je suppose d'abord que a et b soient deux termes de la progression géométrique (après insertion de moyens, s'il est nécessaire). Je distinguerai plusieurs cas dans la démonstration.

1° a et b sont tous deux plus grands que 1.

a et b faisant partie de la progression géométrique, on peut poser :

$$a = q^s, \qquad b = q^t.$$

On a alors :

$$ab = q^{s+t}.$$

On a d'ailleurs, par définition :

$$\log a = sr, \qquad \log b = tr,$$
$$\log ab = (s + t)\, r\,;$$

donc on a bien :

$$\log ab = \log a + \log b.$$

2° a et b sont tous deux plus petits que 1.

Soit

$$a = \frac{1}{q^s}, \qquad b = \frac{1}{q^t},$$

d'où

$$ab = \frac{1}{q^{s+t}}.$$

On en tire (249) :

$$\log a = - sr, \qquad \log b = - tr,$$
$$\log ab = - (s + t)\, r\,;$$

donc on a encore :

$$\log ab = \log a + \log b.$$

3° Enfin supposons que l'un des facteurs, a par exemple, soit plus grand que 1, et l'autre, b, plus petit que 1. On peut alors poser :

$$a = q^s, \qquad b = \frac{1}{q^t},$$

d'où

$$ab = \frac{q^s}{q^t}.$$

Si s est plus grand que t, on peut écrire :

$$ab = q^{s-t};$$

on a alors :

$$\log a = sr, \qquad \log b = -\,tr, \qquad \log ab = (s - t)\,r,$$

et l'on voit immédiatement que $\log ab = \log a + \log b$.

Si s est plus petit que t, ab s'écrira ainsi :

$$ab = \frac{1}{q^{t-s}};$$

on aura alors :

$$\log a = sr, \qquad \log b = -\,tr,$$
$$\log ab = -\,(t - s)\,r = (s - t)\,r,$$

et la conclusion subsistera.

— Il ne reste plus qu'à étendre le théorème fondamental aux nombres qui ne peuvent faire partie de la progression géométrique, quel que soit le nombre des moyens insérés. Or, le théorème étant vrai pour des nombres qui diffèrent aussi peu qu'on veut des deux facteurs est vrai, à la limite, pour ces facteurs eux-mêmes (en supposant qu'on fasse croître indéfiniment le nombre des moyens insérés). Le théorème fondamental peut donc être regardé comme complètement établi.

252. THÉORÈME. — *Le logarithme d'un produit de plusieurs facteurs est égal à la somme des logarithmes des facteurs.*

Soit le produit $abcd$. On a :

$$\log abcd = \log (abc)\,d = \log abc + \log d,$$
$$\log abc = \log (ab)\,c = \log ab + \log c,$$
$$\log ab = \log a + \log b,$$

d'où, en additionnant ces trois égalités, et supprimant les termes communs aux deux membres :

$$\log abcd = \log a + \log b + \log c + \log d,$$

C. Q. F. D.

253. THÉORÈME. — *Le logarithme d'un quotient est égal au logarithme du dividende, moins le logarithme du diviseur.*

Soient **a** le dividende, **b** le diviseur. Je pose :

$$\frac{a}{b} = q, \text{ d'où } a = bq.$$

a étant un produit de deux facteurs, on a, d'après le théorème fondamental :

$$\log a = \log b + \log q,$$

d'où :

$$\log q = \log a - \log b,$$

ce qui peut s'écrire :

$$\log \frac{a}{b} = \log a - \log b,$$

C. Q. F. D.

254. THÉORÈME. — *Le logarithme d'une puissance d'un nombre est égal au logarithme du nombre multiplié par l'exposant de la puissance.*

Je dis qu'on a :

$$\log a^m = m \log a.$$

En effet, a^m étant le produit de **m** facteurs égaux à **a**, son logarithme, qui est la somme des logarithmes des facteurs, est égal à **m** fois le logarithme de **a**,

C. Q. F. D.

255. THÉORÈME. — *Le logarithme d'une racine d'un nombre est égal au logarithme du nombre divisé par l'indice de la racine.*

Cherchons le logarithme de $\sqrt[p]{a}$. Posons :

$$\sqrt[p]{a} = r, \text{ d'où } a = r^p,$$

et par conséquent, en vertu du théorème précédent :

$$\log a = p \log r,$$

d'où :

$$\log r = \frac{1}{p} \log a,$$

ce qui peut s'écrire :

$$\log \sqrt[p]{a} = \frac{1}{p} \log a,$$

C. Q. F. D.

256. Calculs par logarithmes. — Les quatre théorèmes précédents permettent de calculer, à l'aide des logarithmes, la *valeur d'une expression monôme quelconque*, telle que:

$$\frac{7\sqrt{2}}{5\sqrt[3]{10}}, \qquad \sqrt{\frac{2^5\sqrt{7}}{23\sqrt[7]{5}}}, \ \ldots\ldots$$

Il suffit pour cela de prendre dans la table de logarithmes les logarithmes des nombres qui entrent dans cette expression, ce qui permet d'obtenir, grâce aux théorèmes précédents, le logarithme de cette expression elle-même, *en ne faisant que des additions et des soustractions*. Il n'y a plus alors, pour avoir sa valeur, qu'à prendre dans la table le nombre qui correspond au logarithme ainsi trouvé, c'est-à-dire à *revenir du logarithme au nombre*.

BASE D'UN SYSTÈME DE LOGARITHMES

257. Un système de logarithmes est déterminé quand on connaît dans ce système le logarithme d'un nombre quelconque. Supposons en effet que le nombre B ait pour logarithme b, alors B^2, B^3, ..., auront pour logarithmes respectifs $2b, 3b$, ..., de sorte que le système sera évidemment défini par les progressions suivantes :

$$\div\ 1 : B : B^2 : B^3 : \ldots$$
$$\div\ 0 \ .\ b\ .\ 2b\ .\ 3b\ .\ \ldots$$

258. Définition de la base. — On appelle **base** d'un système de logarithmes *le nombre qui, dans ce système, a pour logarithme l'unité*.

Si A est la base d'un système, ce système sera donc défini par les deux progressions :

$$\div\!\!\div\ 1 : A : A^2 : A^3 : \ldots$$
$$\div\ 0 \,.\, 1 \,.\, 2 \,.\, 3 \,.\, \ldots$$

259. PROBLÈME. — *On connait, dans un système, le logarithme d'un nombre donné; on demande la base du système.*

Soit, par exemple, à trouver la base du système dans lequel 15 a pour logarithme 3. Ce système est défini par les deux progressions :

$$\div\!\!\div\ 1 : 15 : 15^2 : 15^3 : \ldots$$
$$\div\ 0 \,.\, 3 \,.\, 6 \,.\, 9 \,.\, \ldots$$

Pour trouver la base du système, c'est-à-dire le nombre qui a pour logarithme 1, il suffit évidemment, au moyen d'une insertion de moyens effectuée dans les deux progressions, d'amener 1 à faire partie de la progression arithmétique : le nombre cherché sera le terme de la progression géométrique nouvelle qui lui correspondra.

Or, pour arriver à ce résultat, nous n'avons visiblement qu'à insérer 2 moyens entre les termes ; la raison de la progression géométrique nouvelle sera, d'après la formule établie (240) : $\sqrt[3]{15}$; celle de la progression arithmétique sera (228) : $\dfrac{3}{3}$ ou 1. Les deux progressions nouvelles s'écrivent :

$$\div\!\!\div\ 1 : \sqrt[3]{15} : \left(\sqrt[3]{15}\right)^2 : 15 : \ldots$$
$$\div\ 0 \,.\, 1 \,.\, 2 \,.\, 3 \,.\, \ldots$$

La base cherchée est $\sqrt[3]{15}$.

Prenons un autre exemple : soit à trouver la base du système dans lequel 7 a pour logarithme $\dfrac{3}{5}$.

Les progressions qui définissent le système sont ici :

$$\div\!\!\div\ 1 : 7 : 7^2 : 7^3 : \ldots$$
$$\div\ 0 \,.\, \dfrac{3}{5} \,.\, \dfrac{6}{5} \,.\, \dfrac{9}{5} \,.\, \ldots$$

Pour amener 1 ou $\dfrac{5}{5}$ à faire partie de la progression arithmétique, nous insérerons deux moyens, ce qui donnera les progressions nouvelles :

$$\div\ 1 : \sqrt[3]{7} : \ldots$$

$$\div\ 0 \cdot \dfrac{1}{5} \cdot \dfrac{2}{5} \cdot \dfrac{3}{5} \cdot \dfrac{4}{5} \cdot 1 \cdot \dfrac{6}{5} \cdot \ldots$$

1 se trouve alors au 6e rang de la progression arithmétique.
Le 6e terme de la progression géométrique est $\left(\sqrt[3]{7}\right)^5$, ce qui peut s'écrire encore $\sqrt[3]{7^5}$: c'est la base cherchée.

LOGARITHMES DÉCIMAUX OU VULGAIRES

260. Définition. — On appelle système de **logarithmes décimaux**, ou **vulgaires**, ou *de Briggs*, le système dont la base est 10, et qui est défini, par conséquent, par les deux progressions :

$$\ldots : 0{,}001 : 0{,}01 : 0{,}1 \div 1 : 10 : 10^2 : 10^3 : \ldots$$

$$\ldots . -3 . -2 . -1 \div 0 . 1 . 2 . 3 . \ldots$$

C'est le logarithme vulgaire d'un nombre **x** que nous appellerons simplement, dans la suite, le logarithme de ce nombre, et que nous désignerons par la notation *log* **x**

Comment on pourrait calculer le logarithme d'un nombre quelconque avec une approximation arbitraire.

261. Soit à calculer le logarithme du nombre 3 par exemple.
3 est compris entre 1 et 10 ; donc son logarithme est compris entre 0 et 1 :

$$0 < \log 3 < 1.$$

Pour avoir une approximation plus grande, insérons 9 (c'est-à-dire $10 - 1$) moyens entre les termes des deux progressions fondamentales. Nous aurons les progressions nouvelles :

$$\div\ 1 : \sqrt[10]{10} : \sqrt[10]{10^2} : \sqrt[10]{10^3} : \ldots : 10 : \ldots$$
$$\div\ 0 .\quad 0,1 .\quad 0,2 .\quad 0,3 .\quad \ldots\quad 1 .\quad \ldots$$

3 tombe entre $\sqrt[10]{10^4}$ et $\sqrt[10]{10^5}$; car sa 10e puissance, qu'on trouve égale à 61749, ayant 5 chiffres, tombe entre 10^4 et 10^5. J'en conclus que le logarithme de 3 tombe entre 0,4 et 0,5 :

$$0,4 < \log 3 < 0,5 ;$$

log 3 est ainsi connu à moins de 0,1 près. On voit comment on pourrait continuer le calcul et évaluer ce logarithme successivement à moins de 0,01, 0,001, ... près. Mais ce procédé est plus théorique que pratique, car, pour avoir, par exemple, la valeur approchée à moins d'un centième, il faudrait trouver entre quelles puissances de 10 tombe le nombre 3^{100}, et pour cela déterminer le nombre des chiffres de cette puissance de 3 dont le calcul serait déjà très pénible (elle aurait 48 chiffres).

Les mathématiques supérieures fournissent pour le calcul des logarithmes des procédés plus expéditifs dont il est impossible de donner ici le principe. C'est ainsi qu'ont été effectivement établies les Tables que l'on possède aujourd'hui.

PROPRIÉTÉS PARTICULIÈRES AUX LOGARITHMES DÉCIMAUX

262. Caractéristique et mantisse. — Les logarithmes dont on fait usage sont toujours mis sous forme décimale. La partie entière du logarithme a reçu le nom de **caractéristique**; la partie décimale s'appelle quelquefois la *mantisse*.

263. Logarithmes à caractéristique négative. — Comme nous l'avons vu (249), les nombres plus petits que 1 ont des logarithmes négatifs. Pour la commodité des calculs, on les remplace par des expressions complexes, où la partie décimale est positive et la partie entière ou caractéristique seule négative. Ce sont les ~~logarithmes à caractéristique négative~~.

Soit, par exemple, le logarithme négatif :

$$- 3,59206,$$

dont la caractéristique est — 3 et la partie décimale — 0,59206. On peut l'écrire ainsi :

$$- 3 - 0,59206,$$

ou encore, en retranchant 1 à la caractéristique et ajoutant 1 à la partie entière :

$$- 3 - 1 + 1 - 0,59206$$

ou :

$$- 4 + (1 - 0,59206).$$

La caractéristique est devenue — 4 ; mais la partie décimale est actuellement positive : c'est la différence entre l'unité et 0,59206, ou, comme on dit, le *complément à l'unité* de 0,59206. Ce complément est égal à 0,40794. Donc finalement le logarithme transformé est égal à :

$$- 4 + 0,40794,$$

ce qui s'écrit, d'une manière abrégée et commode :

$$\overline{4},40794.$$

On met le signe — au-dessus de la caractéristique, ce qui marque bien que seule cette caractéristique est prise négativement, tandis que la partie décimale doit être considérée comme positive.

Pour transformer un logarithme négatif en logarithme à caractéristique négative, il suffit, comme on voit, d'augmenter d'une unité la partie entière, puis de l'affecter du signe —, et de prendre pour partie décimale le complément de la partie décimale primitive.

264. Règle simple pour calculer le complément à l'unité d'une fraction décimale. — *Le complément à l'unité d'une fraction décimale s'obtient en retranchant le dernier chiffre significatif de 10 et tous les autres de 9.*

C'est ce que l'on comprend immédiatement en faisant la soustraction de la manière suivante : soit à retrancher de 1 la fraction 0,43757 ; j'écris l'unité sous la forme d'une fraction décimale comprenant 9 dixièmes, 9 centièmes, 9 millièmes, 9 dix-millièmes et 10 cent-millièmes :

$$
\begin{array}{r}
0{,}9999\,(10) \\
\underline{0{,}4375\quad 7} \\
0{,}5624\quad 3
\end{array}
$$

La règle est alors évidente, la soustraction ainsi posée étant de celles où chaque chiffre du nombre à retrancher est au plus égal au chiffre correspondant du plus grand.

Les chiffres du résultat s'écriront immédiatement dans l'ordre habituel, c'est-à-dire de gauche à droite (Ar. B., 30), sans qu'il soit besoin, bien entendu, de poser la soustraction : le complément à 9 (ou à 10) de chaque chiffre se calcule de tête très aisément, et on doit arriver, par l'habitude, à écrire le complément aussi rapidement que l'on transcrirait la fraction elle-même.

265. THÉORÈME I. — *La caractéristique du logarithme d'un nombre plus grand que 1 est égale au nombre des chiffres de la partie entière, diminué d'une unité.*

Soit le nombre

$$347{,}25.$$

Ce nombre est compris entre 100 et 1000, c'est-à-dire entre 10^2 et 10^3 ; donc son logarithme est compris entre 2 et 3, et, par conséquent, la partie entière de ce logarithme, ou caractéristique, est égale à 2.

266. THÉORÈME II. — *La caractéristique négative du logarithme d'un nombre plus petit que 1 est égale en valeur absolue au rang du premier chiffre significatif à partir de la virgule.*

Soit le nombre :

$$0{,}0057,$$

dans lequel le premier chiffre significatif, 5, occupe le 3e rang à partir de la virgule.

Ce nombre est compris entre 0,001 et 0,01 ; donc son

logarithme est compris entre — 3 et — 2; autrement dit, ce logarithme est égal à — 3 plus une fraction proprement dite; sa caractéristique est donc bien égale à — 3.

267. THÉORÈME III. — *Lorsqu'on multiplie ou qu'on divise un nombre par une puissance de 10, la partie décimale de son logarithme ne change pas.*

Soit **a** un nombre quelconque; imaginons qu'on le multiplie par 10^5 par exemple. On aura (251) :

$$log\ (a \times 10^5) = log\ a + log\ 10^5$$
$$= log\ a + 5.$$

Or l'addition de 5 unités au logarithme ne change pas la partie décimale, mais seulement la caractéristique.

De même, si l'on divise un nombre par 10^5, sa caractéristique diminue de 5 unités, mais sa partie décimale reste la même.

Ce théorème ne serait pas toujours vrai si l'on ne supposait les logarithmes mis sous la forme indiquée précédemment (263), c'est-à-dire avec la caractéristique seule négative.

268. Remarque. — Les différences entre les nombres sont *sensiblement* proportionnelles **aux** différences de leurs logarithmes quand les premières sont petites par rapport aux nombres eux-mêmes.

Les tables elles-mêmes fournissent la preuve de cette remarque, car on y peut voir que, quand les différences des nombres sont constantes et égales à 1, les différences de leurs logarithmes restent aussi constantes dans des limites assez étendues.

269. Cologarithme. — On appelle **cologarithme** d'un nombre **a** *le logarithme de son inverse* $\dfrac{1}{a}$.

On a donc :

$$Colog\ a = log\ \frac{1}{a} = log\ 1 - log\ a = -\ log\ a.$$

On peut donc dire encore que *le cologarithme n'est autre chose que le logarithme changé de signe.*

270. Passer du logarithme au cologarithme. — Soit $n + f$ le logarithme d'un nombre quelconque; n, qui représente la caractéristique, est un nombre entier positif, négatif ou nul; quant à la partie décimale f, elle est essentiellement positive (263).

Le cologarithme est alors :

$$- n - f.$$

Pour le mettre sous la forme indiquée précédemment (263), il convient de l'écrire :

$$- n - 1 + 1 - f,$$

ou :

$$- (n + 1) + (1 - f).$$

Sa partie entière est alors $- (n + 1)$ et sa partie décimale $(1 - f)$, d'où la règle suivante :

271. RÈGLE. — *Pour passer du logarithme au cologarithme, on ajoute (algébriquement) 1 à la caractéristique et on change le signe du résultat, puis on prend le complément de la partie décimale.*

Par exemple, les logarithmes étant :

$$3{,}45926, \qquad 0{,}54327, \qquad \overline{1}{,}42460, \qquad \overline{3}{,}27295,$$

les cologarithmes correspondants sont :

$$\overline{4}{,}54074, \qquad \overline{1}{,}45673, \qquad 0{,}57540, \qquad 2{,}72705.$$

La même règle servirait évidemment à passer du cologarithme au logarithme.

272. Usages des cologarithmes. — *Au lieu de retrancher un logarithme, on ajoute le cologarithme.*

L'emploi des cologarithmes dispense donc de toute soustraction.

273. Remarque. — Quand on a à diviser par un nombre entier un logarithme à caractéristique négative, il convient d'augmenter la valeur absolue de la caractéristique de manière à la rendre divisible par le nombre entier, si elle ne l'est déjà; par compensation, on ajoute autant d'unités à la partie décimale.

Ainsi, pour diviser par 4 le logarithme :

$$\overline{3},43452,$$

on le supposera écrit sous la forme :

$$\overline{4} + 1,43452.$$

Le quotient par 4 est alors :

$$\overline{1} + 0,35863 = \overline{1},35863,$$

résultat qui doit s'écrire immédiatement.

DISPOSITION ET USAGE DES TABLES

274. Nous prendrons pour exemple les tables à cinq décimales de Dupuis, d'après de Lalande.

Ces tables renferment les logarithmes des nombres entiers de 1 à 10000. On n'a pas donné la caractéristique, facile à former à la seule inspection du nombre, mais seulement la partie décimale, limitée à 5 chiffres [1].

Les dizaines du nombre sont inscrites dans la première colonne à gauche, intitulée **N**, et le chiffre des unités dans la première ligne en haut des pages. A l'intersection de la ligne qui contient le nombre des dizaines et de la colonne qui correspond au chiffre des unités, on trouve les trois dernières décimales (od figures) du logarithme. Pour avoir les deux premières décimales, il faut prendre les nombres isolés de deux chiffres qui se trouvent à gauche, dans la colonne 0, les plus proches en montant; toutefois, si l'ensemble des trois dernières décimales est marqué d'une étoile, on doit prendre pour deux premiers chiffres ceux de la ligne immédiatement suivante.

---

[1] Suivant la règle habituelle, la cinquième décimale a été forcée lorsque la décimale suivante était un des chiffres 5, 6, 7, 8, 9 : on ne peut donc savoir si cette cinquième décimale est par défaut ou par excès.

On remarque dans les 11 premières pages, en dehors du cadre, de petits tableaux donnant les produits par 0,1, 0,2, 0,3,...,0,9 des **différences tabulaires**, c'est-à-dire des différences des logarithmes consécutifs, correspondant à ces pages. Ce sont les **tables des parties proportionnelles**. Nous en verrons plus loin l'usage.

275. PROBLÈME I. — *Etant donné un nombre, trouver son logarithme* (¹).

Les théorèmes I (265) et II (266) font connaître la caractéristique, et les tables, avec l'aide du théorème III (267), servent à trouver la partie décimale.

On commence par multiplier ou par diviser le nombre par une puissance de 10 de manière à avoir un résultat aussi grand que possible, mais contenu dans la table, c'est-à-dire un nombre compris entre 1000 et 10000, autrement dit un nombre ayant 4 chiffres à sa partie entière.

Si le nombre ainsi transformé est un nombre entier, on n'a qu'à chercher dans la table la partie décimale correspondante.

Dans le cas contraire, on cherche d'abord le logarithme de la partie entière. Pour la compléter, on s'appuie sur la remarque faite plus haut (268), d'après laquelle l'accroissement du logarithme est sensiblement proportionnel à l'accroissement du nombre, lorsque ce dernier accroissement est petit : il en résulte que pour 1 dixième, 2 dixièmes, 3 dixièmes... d'unité, il faudra ajouter au logarithme qu'on vient d'écrire 1 dixième, 2 dixièmes, 3 dixièmes... de la différence tabulaire correspondante. On calcule le résultat de tête, quand la différence tabulaire est inférieure à 10 (auquel cas la table des parties proportionnelles n'existe pas); sinon, on se sert des tables de parties proportionnelles. — D'après le même prin-

---

(¹) On trouvera dans les tables de Dupuis, pages 154-159, des exemples de calculs de logarithmes exposés avec le plus grand détail.

cipe, on pourrait encore ajouter un centième de différence tabulaire pour chaque centième du nombre. Il n'est pas utile d'aller au delà.

276. PROBLÈME II. — *Étant donné le logarithme d'un nombre, trouver ce nombre.*

Remarquons d'abord que la caractéristique indiquera la place des unités simples dans le nombre, quand on en connaîtra les chiffres. **Nous** allons opérer comme si la caractéristique était toujours **3** unités, c'est-à-dire comme si le nombre devait être compris entre **1000** et **10000** : le changement de la caractéristique n'influe pas sur les chiffres du nombre (267).

On cherchera d'abord la partie décimale du logarithme parmi les logarithmes de la table : si on trouve exactement cette partie décimale, on n'a qu'à lire le nombre correspondant ; la caractéristique permettra de placer la virgule.

Si la partie décimale donnée ne se trouve pas exactement dans les tables, on s'arrête au logarithme qui en approche le plus par défaut. Le nombre correspondant donné par la table est la partie entière du nombre cherché. Pour la compléter, on calculera l'excès du logarithme donné sur le logarithme de la table et on cherchera combien de fois cet excès contient le dixième de la différence tabulaire correspondante : le quotient trouvé représente les dixièmes du nombre (ce quotient est fourni, sans calcul, par la table des parties proportionnelles, si la différence tabulaire est supérieure à **10** ; sinon, on le calcule de tête). S'il y a un reste, il peut servir, par un raisonnement analogue, à trouver le chiffre des centièmes du nombre. Il n'est pas utile d'aller au delà : les décimales qu'on obtiendrait ne mériteraient aucune confiance.

Il va sans dire que, le nombre ayant été calculé comme on vient de le dire, en supposant la caractéristique égale à **3**, il convient de déplacer la virgule pour la mettre à la place indiquée par la caractéristique donnée.

277. Remarque. — La table I (page 1 des tables de Dupuis) donne les logarithmes des nombres entiers de **1 à 100**, dont on a souvent besoin dans les calculs; elle dispense de feuilleter les trente pages suivantes du livre.

On trouve dans le même ouvrage (page 189) le logarithme de π tout calculé, avec **20** décimales.

Exemple de calcul effectué avec l'aide des logarithmes

278. PROBLÈME. — *Calculer le rayon* **R** *de la sphère dont le volume* **V** *vaut* 0mc,735.

V étant évalué en mètres cubes, le rayon **R** sera exprimé en mètres. On a la formule (Géom., § 822) :

$$V = \frac{4}{3}\pi R^3, \qquad \text{d'où} \qquad R = \sqrt[3]{\frac{3V}{4\pi}}.$$

TABLEAU DU CALCUL

$$\log R = \frac{1}{3}(\log 3 + \log V + \text{colog } 4 + \text{colog } \pi).$$

CALCULS PRINCIPAUX	CALCULS AUXILIAIRES
$\log 3 = 0,47712$	*Calcul de log* π
$\log V = \bar{1},86629$	$\pi = 3,14159\ldots$
colog $4 = \bar{1},39794$	log 3141 ... 49707 D = 14
colog $\pi = \bar{1},50285$	pour 0,5 . 7
	pour 0,09. 1,26
$\bar{1},24420$	
$\log R = \bar{1},74807$	log $\pi = 0,49715$
$R = 0,55985$	*Calcul de R par son logarithme*
	Pour 74803... 5598 D = 8
	Reste 4... 0,5
	$R = 0,55985$

Le rayon de la sphère vaut 0m 55985.

EXERCICES SUR LE CHAPITRE XIV

330. Calculer par logarithmes la surface du triangle équilatéral dont le côté est de $37^m,97$.

331. Calculer le rayon et la surface de la terre supposée sphérique, sachant que sa circonférence mesure 40 millions de mètres.

332. Calculer par logarithmes la surface d'un triangle dont les côtés valent : $a = 8915$, $b = 7132$, $c = 5349$, en employant la formule :

$$S = \sqrt{p\,(p - a)\,(p - b)\,(p - c)},$$

où p désigne le demi-périmètre du triangle (on établit cette formule en géométrie).

On vérifiera ensuite que le triangle donné est rectangle, ce qui permettra d'avoir sa surface exacte et de comparer à la valeur trouvée par logarithmes.

333. Calculer par logarithmes les dimensions du litre destiné à la mesure des liquides sachant qu'il a la forme d'un cylindre dont la hauteur est double du diamètre de base.

334. Calculer par logarithmes les dimensions du litre destiné à la mesure des grains, sachant qu'il a la forme d'un cylindre dont la hauteur est égale au diamètre de base.

CHAPITRE XV

INTÉRÊTS COMPOSÉS ET ANNUITÉS

INTÉRÊTS COMPOSÉS

279. Intérêt simple. — On dit qu'un capital est placé à intérêt simple lorsque le capital reste invariable pendant toute la durée du placement.

Si l'on désigne par a le capital, par r le *taux pour franc* (et non le taux 0/0), par t le temps du placement exprimé en années, enfin par I l'intérêt produit, on a la formule :

$$I = art.$$

280. Appelons A ce que devient le capital quand on y ajoute les intérêts; on aura :

$$(1) \qquad A = a + art = a(1 + tr).$$

Soit $t = 1$, c'est-à-dire supposons que le temps du placement soit d'une année. Il vient alors :

$$A = a(1 + r),$$

résultat qui peut s'énoncer ainsi : *pour obtenir la valeur acquise par un capital au bout d'un an de placement, il suffit de le multiplier par le binôme* $(1 + r)$.

281. Intérêts composés. — On dit qu'un capital est placé à intérêts composés lorsque les intérêts s'ajoutent au capital au bout de chaque année ou de fraction d'année (trimestre, etc.) pour porter intérêt à leur tour.

282. PROBLÈME. — *Étant donné un capital placé au taux r pour franc, trouver ce que devient ce capital avec ses intérêts composés au bout de* **n** *années.*

Je suppose, dans ce qui suit, que les intérêts *se capitalisent* au bout de chaque année.

Au bout de la **1re** année le capital est devenu (280) :

$$a(1 + r).$$

C'est cette somme $a(1 + r)$ qui porte intérêt pendant la **2e** année de placement ; la valeur acquise par cette somme au bout de la **2e** année est (280) :

$$a(1 + r)(1 + r), \qquad \text{ou} \qquad a(1 + r)^2.$$

Cette somme, $a(1 + r)^2$, devient, au bout de la **3me** année :

$$a(1 + r)^3,$$

et ainsi de suite. D'une manière générale, à la fin de la **n**ième année, le capital aura acquis la valeur :

$$(2) \qquad A = a(1 + r)^n.$$

283. Nous avons supposé, dans ce qui précède, que le temps du placement était un nombre entier **n** d'années. Si la somme **a** était placée pendant **n** années, plus une fraction **f** d'année, il faudrait calculer d'abord la valeur acquise par le capital au bout des **n** années, valeur donnée par la formule (2), puis, au moyen de la formule de l'intérêt simple (1), ce que devient la somme ainsi obtenue au bout de la fraction **f** d'année : il suffit pour cela de remplacer dans cette formule **a** par $a(1 + r)^n$, ce qui donne :

$$(3) \qquad A = a(1 + r)^n (1 + fr).$$

284. Usage de ces formules. — Dans la formule (2) des intérêts composés entrent quatre quantités : **A**, **a**, **r** et **n**. Elle permet, étant données 3 quelconques de ces quantités, de calculer la quatrième.

Quand l'inconnue est **r** ou **n**, il faut remplacer la formule par l'équation obtenue en prenant les logarithmes des deux membres :

$$\log A = \log a + n \log (1 + r).$$

En particulier, si l'inconnue est n, on tire de cette équation :

$$n = \frac{\log A - \log a}{\log (1 + r)}.$$

Cette formule n'est applicable, en théorie, que si l'on sait que le temps du placement est un nombre entier d'années.

Lorsqu'il n'en est pas ainsi, il est facile de se rendre compte que la valeur par défaut du second membre à moins d'une unité représente le nombre d'années entières du placement, que je continuerai à désigner par n ; pour calculer la fraction complémentaire d'année f, on emploiera la formule (3) en y remplaçant A, a et r par leurs valeurs données et n par celle qu'on vient de trouver : elle ne contient plus que la seule inconnue f.

ANNUITÉS

285. Définition. — On appelle **annuité** une somme de valeur constante qu'on verse pendant un certain temps, d'année en année, soit pour constituer un capital, soit pour éteindre une dette.

286. PROBLÈME I. — *On place, au commencement de chaque année, une somme a, au taux r, pendant n années ; quelle est la valeur du capital ainsi constitué à la fin de la $n^{\text{ième}}$ année ?*

La première annuité, restant placée pendant n années, acquiert la valeur (282) :

$$a (1 + r)^n.$$

La deuxième, qui ne reste placée que pendant $(n - 1)$ années, devient :

$$a (1 + r)^{n-1},$$

8

et ainsi de suite jusqu'à la dernière, qui, ne restant placée que pendant la dernière année, devient :

$$a(1 + r).$$

La somme totale ainsi constituée a donc pour valeur :

$$A = a(1 + r) + a(1 + r)^2 + a(1 + r)^3 + \ldots + a(1 + r)^{n-1} + a(1 + r)^n.$$

C'est la somme des termes d'une progression géométrique de raison $(1 + r)$; elle peut être calculée au moyen de la formule établie précédemment (236), en y remplaçant les quantités a, l, q respectivement par :

$$a(1 + r), \qquad a(1 + r)^n, \qquad (1 + r),$$

ce qui donne :

$$A = \frac{a(1 + r)^{n+1} - a(1 + r)}{1 + r - 1},$$

ou, en simplifiant :

$$A = \frac{a(1 + r)\,[(1 + r)^n - 1]}{r}$$

C'est la *formule des annuités* [1].

287. Cette formule n'est pas entièrement calculable par logarithmes : la quantité entre crochets doit être calculée à part [les logarithmes pourront servir néanmoins à calculer $(1 + r)^n$]. Si l'on pose :

$$(1 + r)^n - 1 = N,$$

---

[1] Il est facile de voir que, si l'on supposait les placements effectués, non plus au commencement, mais à la fin de chaque année, cette formule devrait être remplacée par celle-ci :

$$A = \frac{a\,[(1 + r)^n - 1]}{r}.$$

Elle ne diffère de la première que par l'absence du facteur $(1 + r)$.

la formule devient :

$$A = \frac{a(1+r)\,N}{r},$$

d'où l'on tire :

$$\log A = \log a + \log(1+r) + \log N + \operatorname{colog} r.$$

288. PROBLÈME II. — *On a emprunté un capital* C *au taux* r ; *on demande quelle annuité* a *il faudrait payer à la fin de chaque année pour que la dette fût éteinte à la fin de la* $n^{\text{ième}}$ *année.*

Observons tout d'abord qu'on ne peut comparer entre eux des capitaux payables à des époques différentes qu'en leur substituant les valeurs qu'ils auraient à une même époque.

Prenons ici les valeurs de tous les capitaux au bout de la $n^{\text{ième}}$ année. Si on n'avait rien payé, la dette C serait devenue :

$$C(1+r)^n.$$

D'autre part, la somme constituée, à la fin de la $n^{\text{ième}}$ année, par les n annuités versées, est donnée par la formule (286, note 1) :

$$A = \frac{a\left[(1+r)^n - 1\right]}{r}.$$

Cette somme doit être précisément égale à la valeur acquise par la dette. On a donc l'équation :

$$\frac{a\left[(1+r)^n - 1\right]}{r} = C(1+r)^n,$$

d'où l'on tire la valeur de a :

$$a = \frac{Cr(1+r)^n}{(1+r)^n - 1}.$$

289. Tables d'amortissement et d'intérêt. — On trouve, dans l'*Annuaire du Bureau des Longitudes*, des *tables d'amortissement et d'intérêt* qui sont d'un précieux secours pour la résolution des problèmes relatifs aux intérêts composés et aux annuités.

EXERCICES SUR LE CHAPITRE XV.

INTÉRÊTS COMPOSÉS ET ANNUITÉS

335. Un centime ayant été placé au commencement de l'ère chrétienne à 4 0/0, quelle sera sa valeur en 1904 ?

Calculer le rayon de la sphère d'or qui équivaut à cette somme et comparer ce rayon à celui du globe terrestre.

336. Trouver la valeur acquise par une somme de 12.345 francs en 12 ans, au taux de 3 0/0.

337. Quelle est la valeur du capital 6.250 francs, placé à intérêts composés à 5 0/0, après 7 ans 10 mois ?

338. Pendant combien d'années faut-il placer un capital à intérêts composés à 5 0/0 pour qu'il acquière une valeur double ?

339. On a laissé pendant 40 ans une somme de 5.000 francs, en ajoutant chaque année les intérêts au capital : que devient cette somme au bout de 40 ans, au taux de 4 0/0 par an ?

340. La population d'un pays est évaluée à 200.000 âmes ; on a observé qu'elle s'augmente, suivant une loi constante, d'un trentième chaque année ; quelle sera la population dans 100 ans ?

341. On compte actuellement dans une ville 20.000 âmes, et l'on sait que la population s'augmente annuellement des $\frac{3}{100}$ de sa valeur : quelle était sa population il y a 10 ans ?

342. Dans combien de temps la population serait-elle décuplée ?

343. Trouver le capital qui, en 15 ans, a acquis une valeur de 7.436 francs, au taux 3 0/0, par l'accumulation des intérêts.

344. A quel taux faut-il placer une somme de 5.432 francs pour qu'en 17 ans elle acquière, par l'accumulation de ses intérêts, une valeur de 11.634 francs ?

345. Partager une somme de 50.000 francs entre trois enfants de 5, 8 et 12 ans, de telle sorte que les trois parts placées à intérêts composés à 3 0/0 produisent à chacun la même somme quand il atteindra sa 20e année.

346. Un industriel a emprunté, le 1er janvier 1900, une somme de 33.640 francs dont il s'est acquitté par deux paiements égaux chacun à 19.948 fr. 10. Le premier de ces paiements a été effectué le 1er janvier 1902, et le second le 1er janvier 1904. On demande à quel taux l'emprunt a été fait, sachant que l'on a tenu compte des intérêts composés.

347. Quelle annuité faut-il verser pour rembourser en 33 ans une dette de 10 millions, au taux de 3 0/0 ?

348. Un particulier doit payer une somme de 6.000 francs dans 5 ans et une somme de 4.000 francs dans 2 ans. Il voudrait se libérer par un paiement unique effectué dans 4 ans. Combien versera-t-il à cette époque ?

349. Une dette A doit être amortie par des paiements égaux à a francs, faits l'un 4 ans, l'autre 8 ans après l'emprunt. Calculer le taux. — Condition de possibilité du problème.

350. On doit payer pendant n années consécutives une annuité a et on voudrait s'acquitter en un versement unique effectué dans p années. Trouver le montant x de ce versement en tenant compte des intérêts composés au taux r pour franc.

Application numérique : $a = 2.540$, $n = 6$, $p = 4$, $r = 0,04$.

351. On a deux billets, l'un d'une somme a payable dans 1 an, l'autre d'une somme b payable dans 5 ans ; on veut les convertir en un seul payable dans 3 ans : quelle est la somme qui doit être inscrite sur ce billet ?

TABLE DES MATIÈRES

Tours. — Imprimerie DESLIS PÈRE, RENÉ ET PAUL DESLIS.